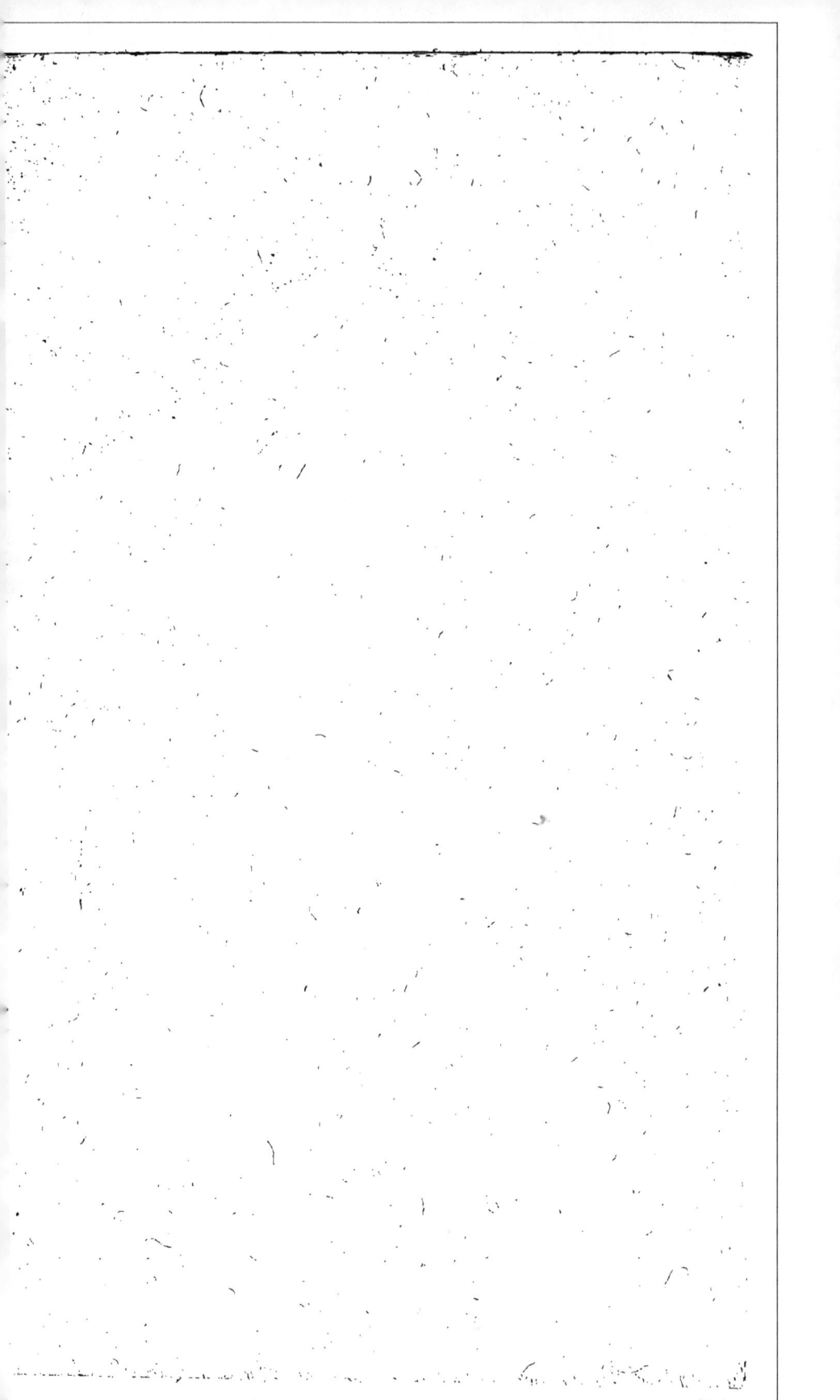

H.II.

C.

20112

Guy ci-devant professeur
au Collège de la Flèche
a L'honneur de présenter
très respectueusement ce petit
ouvrage de Mathématiques
à Monseigneur Le Lieutenant
Général de police :

ABRÉGÉ
ÉLÉMENTAIRE
DES SECTIONS CONIQUES

Extrait des Leçons données ci-devant, sous l'inspection de l'Université de Paris, aux Éleves du Collége Royal de la Fléche.

Par M. * * *, de la même Université.

A PARIS,

DE L'IMPRIMERIE DE Ph. D. PIERRES,
Imprimeur du Collège Royal de France,
rue Saint-Jacques.

M. DCC. LXXVII.

AVEC APPROBATION ET PERMISSION.

APPROBATION.

J'AI lu, par ordre de Monseigneur le Garde des Sceaux, un Manuscrit qui a pour titre : *Abrégé élémentaire des Sections Coniques*. Je n'y vois rien qui puisse en empêcher l'impression. A Paris, le premier Octobre 1776.

Signé BÉZOUT.

PERMISSION.

LOUIS, PAR LA GRACE DE DIEU, ROI DE FRANCE ET DE NAVARRE, à nos amés & féaux Conseillers, les Gens tenans nos Cours de Parlement, Maîtres des Requêtes ordinaires de notre Hôtel, Grand-Conseil, Prévôt de Paris, Baillifs, Sénéchaux, leurs Lieutenans Civils, & autres nos Justiciers qu'il appartiendra; SALUT. Notre amé le Sieur * * * Nous a fait exposer qu'il desireroit faire imprimer & donner au Public, l'*Abrégé élémentaire des Sections Coniques*; s'il Nous plaisoit lui accorder nos Lettres de Permission pour ce nécessaires. A CES CAUSES, voulant favorablement traiter l'Exposant, Nous lui avons permis & permettons par ces Présentes, de faire imprimer ledit Ouvrage autant de fois que bon lui semblera, & de le faire vendre & débiter par tout notre Royaume, pendant le tems de *trois années* consécutives, à compter du jour de la date des Présentes. Faisons défenses à tous Imprimeurs, Libraires, & autres Personnes, de quelque qualité & condition qu'elles soient, d'en introduire d'impression étrangere dans aucun lieu de notre obéissance; à la charge que ces Présentes seront enregistrées tout au long sur le registre de la Communauté des Imprimeurs & Libraires de Paris, dans trois mois de la date d'icelles; que l'impression dudit Ouvrage sera faite dans notre Royaume, & non ailleurs, en beau papier & beaux caracteres, que l'Impétrant se conformera en tout aux Réglemens de la Librairie, & notamment à celui du 10 Avril 1725; à peine de déchéance de la présente permission; qu'avant de l'exposer en vente, le Manuscrit qui aura servi de copie à l'impression dudit Ouvrage, sera remis dans le même état où l'Approbation y aura été donnée, ès mains de notre très-cher & féal Chevalier Garde des Sceaux de France, le Sieur HUE DE MIROMENIL; qu'il en sera ensuite remis deux Exemplaires dans notre Bibliothéque publique, un dans celle de notre Château du Louvre, un dans celle de notre très-cher & féal Chevalier Chancelier de France, le Sieur DE MAUPEOU;

& un dans celle dudit Sieur Hue de Miromenil ; le tout a peine de nullité des Préfentes : Du contenu defquelles vous mandons & enjoi-gnons de faire jouir ledit Expofant & fes ayans-caufes, pleinement & paifiblement, fans fouffrir qu'il leur foit fait aucun trouble ou empê-chement. Voulons qu'à la copie des Préfentes, qui fera imprimée tout au long, au commencement ou à la fin dudit Ouvrage, foi foit ajoutée comme à l'Original. Commandons au premier notre Huiffier ou Sergent fur ce requis, de faire pour l'exécution d'icelles, tous actes requis & néceffaires, fans demander autre permiffion, & nonobftant clameur de Haro, Charte Normande, & Lettres à ce contraires : Car tel eft notre plaifir. Donné à Paris, le dix-huitiéme jour du mois de Dé-cembre, l'an de grace mil fept cent foixante-feize, & de notre Régne le troifiéme. Par le Roi, en fon Confeil. *Signé* LE BEGUE.

Regiftré fur le Regiftre XX de la Chambre Royale & Syndicale des Libraires & Imprimeurs de Paris, N° 815, fol. 268, conformément au Réglement de 1723, qui fait défenfes, art. 4, à toutes perfonnes, de quelque qualité & condition qu'elles foient, autres que les Libraires & Imprimeurs, de vendre, débiter & faire afficher aucuns livres pour les vendre en leurs noms, foit qu'ils s'en difent les Auteurs ou autrement, & à la charge de fournir à la fufdite Chambre huit exemplaires prefcrits par l'Article 108 du même Réglement. A Paris, ce 20 Décembre 1776.

Signé LAMBERT, Adjoint.

ABRÉGÉ ÉLÉMENTAIRE

DES

SECTIONS CONIQUES.

1. SI un plan qui coupe un cône y entre par le sommet A (*fig.* 15), la section sera un triangle BAC, qui aura pour base ou une corde, ou un diametre BC de la base du cône : dans le dernier cas, la section s'appelle *triangle par l'axe*.

Si le plan entre par la surface convexe, & qu'il doive sortir du cône, la section sera un *cercle* HMQ, si elle est parallele à la base, & une *ellipse* SMT si elle lui est oblique.

Si le plan ne doit pas sortir du cône, quelque prolongé qu'on le suppose, la section sera une *parabole* SNM, si elle est parallele au côté du cône (*fig.* 18), & une *hyperbole* SNM, si elle lui est oblique, (*fig.* 20).

Ce sont les trois dernieres sections, ou plutôt les lignes courbes qui les terminent, que l'on appelle Sections Coniques. Pour mieux développer leurs propriétés, on les trace sur un plan,

A

où font affignés certains termes ; & le rapport
conftant des diftances de chaque point à ces termes conftitue leur nature. On les confidérera
d'abord décrites ainfi , & enfuite dans le cône
même où elles prennent leur origine.

DE LA PARABOLE.

2. U N E droite D*d* & un point F hors de cette
droite étant donnés fur un plan (*fig.* 1.) , fi l'on
détermine des points S , *m* , M , &c. tels que
les deux diftances M*d* , MF de chacun , l'une à
la ligne donnée D*d* , que l'on nomme *directrice* ,
& l'autre au point donné F , que l'on nomme
foyer , foient égales entr'elles ; ces points appar-
tiennent à la courbe que l'on appelle parabole.

3. Or pour trouver de tels points , on menera
par F , fur la directrice , une perpendiculaire indéfinie DFP , & le milieu S de DF fera le *fommet*
de la courbe : élevant enfuite fur DFP qu'on
appellera l'*axe* , des perpendiculaires indéfinies
PM , *pm* , &c. on les coupera toutes du point F
comme centre , & chacune d'un rayon FM égal
à fa diftance PD de la directrice , & les points
d'interfection M feront à la parabole : car par
cette conftruction , les deux diftances M*d* , MF
de chacun de ces points feront égales à une même
diftance PD.

DÉFINITIONS.

On appelle *ordonnée* une perpendiculaire quelconque MP menée de la courbe à l'axe, & *abscisse* la portion SP de l'axe, que l'ordonnée intercepte. On nomme ces deux lignes *co-ordonnées* quand on les considere ensemble. Une droite MF menée de la courbe au foyer, s'appelle *rayon vecteur*.

On exprime algébriquement l'ordonnée par y, l'abscisse par x, & par a la distance SF du sommet au foyer, ainsi que la distance SD du sommet à la directrice, parce que ces deux lignes sont égales (3), & invariables pour une même parabole.

THÉORÈME.

4. *Le quarré d'une ordonnée quelconque* MP *est égal au produit de son abscisse* SP *par une droite quadruple de l'invariable* SF, *ou* $yy = 4ax$.

DÉMONST. Ayant mené le rayon vecteur MF $=$ PD (3), son expression fera $x + a$, & celle de PF, $x - a$; or dans le triangle rectangle M FP, on a $\overline{MP}^2 = \overline{MF}^2 - \overline{PF}^2$: donc $y^2 = \overline{x+a}^2 - \overline{x-a}^2 = xx + 2ax + aa - xx + 2ax - aa = 4ax$.

Remarque.

Si l'ordonnée mp étoit menée entre le foyer & le sommet, en faisant toujours son abscisse $Sp = x$, le côté pF du triangle mFp feroit $a - x$, au lieu de $x - a$: mais comme $\overline{a-x}^2 = \overline{x-a}^2$, on auroit encore $y^2 = 4ax$.   A 2

Corollaire I.

5. La droite conftante $4a$ s'appelle le *param tre* de l'axe, & fe défigne par p ; ainfi $y^2 = px$, & $x : y :: y : p$; d'où il fuit que de ces trois lignes l'abfciffe, l'ordonnée & le parametre, deux étant données, on peut trouver la troifieme. Par exemple, le parametre $p = 4\,SF$ étant donné, & prenant à volonté des abfciffes Sp, SP, &c, on pourra déterminer autant d'ordonnées mp, MP, &c. que l'on voudra, & par conféquent décrire la parabole.

Corollaire II.

Si $x = p$, on a $xx = px$ ou yy (5), & par conféquent $x = y$. Si $x < p$, on a $xx < p$. ou yy, & par conféquent $x < y$. Si $x > p$, on a $xx > px$ ou yy, & par conféquent $x > y$. C'eft-à-dire que la demi-parabole a autant de hauteur que de largeur, quand l'abfciffe eft égal au parametre ; moins de hauteur que de largeur, quand l'abfciffe eft plus petite que le parametre ; & plus de hauteur que de largeur, quand l'abfciffe eft plus grande que le parametre.

Corollaire III.

Si l'ordonnée étoit menée au foyer, fon abfciffe feroit $SF = a$, & l'équation $y^2 = 4ax$ (4) deviendroit $y^2 = 4a^2$; donc, en extrayant, $y =$

$2a$, & $2y = 4a = p$ (5); c'eſt-à-dire que la double ordonnée qui paſſe par le foyer eſt égale au
parametre.

Corollaire I V.

6. Puiſque le parametre p eſt une ligne conſtante
pour une même parabole, il ſuit de l'équation
$y^2 = px$, que les quarrés des ordonnées ſont proportionnels aux abſciſſes correſpondantes; &
comme celles-ci peuvent croître à l'infini, les
quarrés des ordonnées, & par conſéquent les
ordonnées ſimples, peuvent croître de même en
nombre & en grandeur.

Corollaire V.

De $y^2 = px$ on déduit $y = \mp \sqrt{px}$: par conſéquent à chaque abſciſſe SP s'élevent ſur l'axe
deux ordonnées PM, PN égales & oppoſées. La
parabole a donc deux branches qui s'étendent à
l'infini, en s'écartant toujours également de l'axe.

Corollaire V I.

7. Puiſque la parabole s'étend à l'infini, ſon
centre eſt ſur l'axe à une diſtance infinie du ſommet; or les paralleles ſont ſuppoſées ſe rencontrer à une pareille diſtance : donc toute droite
M G parallele à l'axe SP (*fig.* 4.) eſt un diametre.

Corollaire VII.

8. Si fur une corde SN menée du fommet (*fig.*1.) on éleve à fon extrémité N une perpendiculaire NG, la partie PG de l'axe comprife entre cette perpendiculaire & l'ordonnée correfpondante NP eft égale au parametre p; car, par la propriété du triangle rectangle SNG, on a $\overline{NP}^2 = SP \times PG$, & par celle de la parabole, $\overline{NP}^2 = SP \times p$ (5): donc $PG = p$.

Remarque pour la Propofition fuivante.

9. On fçait que le cylindre circonfcrit eft à la fphere infcrite $:: 3 : 2$; donc la fomme des quarrés des rayons des cercles qui compofent le cylindre, eft à la fomme des quarrés des rayons des cercles qui compofent la fphère $:: 3 : 2$, puifque les quarrés des rayons font comme les cercles; or (*fig.* 10) en appellant $2a$ le diametre Aa du demi-cercle A R a qui engendre la fphere, la fomme des quarrés des rayons des cercles qui compofent le cylindre engendré par la rectangle circonfcrit AS, eft $a^2 \times 2a = 2a^3$; donc dans cette proportion $3 : 2 :: 2a^3 : \frac{4a^3}{3}$, le dernier terme eft la fomme des quarrés des rayons des cercles qui compofent la fphere : donc cette fomme, ou, ce qui eft la même chofe, celle des

quarrés des ordonnées du demi-cercle, est les quatre tiers du cube du rayon.

THÉORÊME.

La surface S *d'un segment parabolique* MSN, *dont la double ordonnée* MN *est perpendiculaire à l'axe, est les deux tiers du rectangle circonscrit.* (fig. 2), ou $S = \frac{2}{3} MN \times SP$.

DÉMONST. Menant une autre ordonnée quelconque GB, & la perpendiculaire GD sur la double ordonnée MN, on a (6) $SP : SB :: \overline{MP}^2$: $\overline{GB}^2$ ou $\overline{DP}^2$, & *subtrahendo* $SP - SB : MP^2 - \overline{DP}^2$ $:: SP : MP^2$; mais $SP - SB = PB$ ou GD ; & $\overline{MP}^2 - \overline{DP}^2 = \overline{MP + DP} \times \overline{MP - DP} = DN \times DM$ $= \overline{DO}^2$, en supposant un demi-cercle MON construit sur MN : donc $GD : \overline{DO}^2 :: SP : \overline{MP}^2$; & parce que toute autre perpendiculaire GD & le quarré $\overline{DO}^2$ de l'ordonnée circulaire correspondante feront aussi $:: SP : \overline{MP}^2$; il s'ensuit (*a*) que la somme des GD, ou la surface S du segment, est à la somme des quarrés $\overline{DO}^2$ des ordonnées du demi-cercle $:: SP : \overline{MP}^2$; ainsi $S : \frac{4}{3} \overline{MP}^3$ (9) $:: SP : \overline{MP}^2$; donc $S = \frac{4}{3} MP \times SP = \frac{2}{3} MN \times SP$.

Corollaire.

Si l'on connoît la furface S du fegment $= \frac{4}{3}$ MP × SP, & que l'on cherche la fomme z^3 des

---

(*a*) Dans une proportionnalité la fomme des antécédents eft à celle des conféquents, comme un antécédent quelconque eft à fon conféquent.

quarrés des ordonnées du demi-cercle MON, la derniere proportion fe changera en celle-ci, $\frac{4}{3}$ MP × SP : z^3 :: SP : $\overline{MP^2}$, & l'on aura $z^3 =$ $\frac{4}{3} \overline{MP^3} =$ la fomme des quarrés des rayons des cercles qui compoferoient la fphere engendrée par la révolution du demi-cercle MON : mais (9) $2\overline{MP^3}$ eft la fomme des quarrés des rayons des cercles qui compoferoient le cylindre circonfcrit à cette fphere, & les cercles font comme les quarrés des rayons : donc *fphere* : *cylindre* :: $\frac{4}{3} \overline{MP^3}$: $2\overline{MP^3}$ :: 4 : 6 :: 2 : 3. Ainfi on peut déduire la théorie de la fphere de celle de la parabole.

THÉORÊME.

Un paraboloïde eft la moitié de fon cylindre cir-confcrit (fig. 1).

DÉMONST. Que le demi-fegment S*n*NP & fon rectangle circonfcrit SBNP faffent une révolution autour de l'axe SP, on aura un parabo-loïde & fon cylindre circonfcrit.

Concevez des ordonnées *pn*, PN, &c. à chaque point de l'axe SP, leurs quarrés feront comme leurs abfciffes confécutives (6) dans la progreffion $\div$ des nombres naturels 0 · 1 · 2 · 3 · 4 &c. & par confé-quent (*a*) leur fomme fera $\overline{PN^2} \times \dfrac{SP}{2}$: or dans le

---

(*a*) Parce que la fomme des termes d'une progreffion arithmétique qui commence par *o*, eft égale au produit du dernier, qui eft ici $\overline{PN^2}$, par la moitié du nombre des termes exprimé ici par SP.

rectangle SBNP la fomme des quarrés égaux $\overline{PN}^2$ eft évidemment $\overline{PN}^2 \times SP$: donc la première fomme de quarrés eft la moitié de la feconde ; mais les cercles font comme les quarrés de leurs rayons : donc la fomme des cercles dont les ordonnées font rayons, c'eft-à-dire le paraboloïde, eft la moitié de la fomme des cercles dont les paralleles égales PN font auffi rayons, c'eft-à-dire, la moitié du cylindre circonfcrit.

P R O B L Ê M E.

Trouver deux moyennes proportionelles entre deux lignes données AB & CD· (*fig.* 3).

Solut. Au milieu de la plus petite AB, élevez une perpendiculaire CG égale à la moitié de la plus grande CD ; du point C comme centre, & d'un rayon égal à CA ou CB, décrivez une circonférence ; fur AB comme axe, tracez une parabole AP, d'un parametre égal à AB : l'ordonnée PM menée du point d'interfection P des deux courbes fera la première des deux moyennes proportionnelles cherchées, & fon abfciffe AM fera la feconde.

Démonst. Du centre C abaiffez fur l'ordonnée PM la perpendiculaire CO, elle coupera en deux également, au point O, la partie PR de l'ordonnée PM comprife dans le cercle, & par conféquent l'on aura PM + RM = 2OR + 2RM = 2CG = CD par conftruction ; il faut donc prouver que $\because$ A B : P M : A M : P M + R M.

Or, par la propriété de la parabole (5), AB:PM::
PM : AM , vu que AB est le parametre (constr.) ;
& par la propriété du cercle , BM : RM ::
PM : AM ; donc AB : PM :: BM : RM, & *addendo* , AB:PM:: AB+BM=AM:PM+RM ;
mais , la premiere raison étant la même dans la
premiere & dans la derniere proportion , on peut
ajouter la feconde raison de celle-ci aux deux rai-
fons de la premiere : donc AB : PM :: PM : AM
:: AM : PM+RM.

PROBLÊME.

10. *A un point quelconque* M *de la parabole
mener une tangente.* (fig. 4).

SOLUT. On menera de ce point le rayon vecteur
MF & le diametre MG (7) que l'on prolongera
jufqu'à la directrice , ou , ce qui eft la même
chofe , d'un prolongement MA = MF; puis menant AF , la perpendiculaire MC fur AF fera tangente , c'eft-à-dire qu'elle n'aura que le point M
de commun avec la courbe ; fon point N , par
exemple , eft plus près de la directrice que du
foyer : car la ligne MC étant perpendiculaire au
milieu de AF bafe du triangle ifocele AMF (conftr.)
la droite NA exprime la diftance du point N au
foyer F ; or cette droite oblique à la directrice eft
plus grande que la perpendiculaire N *d* qui exprime la vraie diftance du point N à la directrice :

donc ce point est plus près, &c. On prouveroit la même chose de tout autre point de la ligne MC, différend du point M.

Corollaire I.

11. L'angle NMG est égal à son opposé AMC, l'angle CMF est aussi égal à l'angle AMC, puisque par construction la tangente MC coupe l'angle AMF en deux parties égales : donc le diametre MG & le rayon vecteur MF font des angles égaux avec la tangente.

Corollaire II.

12. L'angle CTF égal à l'angle AMC son alterne interne, l'est aussi à l'angle CMF (11) : donc le triangle MFT est isocele, & par conséquent la perpendiculaire CF sur la tangente MT (10) coupe celle-ci en deux également.

DÉFINITIONS.

On voit que par la tangente on entend sa partie MT comprise entre le point de contact & la rencontre de l'axe prolongé ; c'est la même chose pour les autres courbes. Une perpendiculaire MQ sur la tangente au point de contact, & comprise entre ce point & l'axe, s'appelle *perpendiculaire* ou *normale*, & la partie PQ de l'axe, comprise entre la normale & l'ordonnée MP menée du même point de contact, s'appelle *sous-normale*.

Théorême.

13. *La sous-normale est la moitié du parametre.*

Démonst. Les droites AF, MQ étant perpendiculaires à la tangente, l'une par construction (10) & l'autre par l'hypothèse, les deux côtés AD, AF & l'angle compris, dans le triangle DAF, sont égaux aux deux côtés MP, MQ & à l'angle compris, dans le triangle PMQ : donc la sous-normale PQ est égale à DF $= 2a = \frac{p}{2}$ (5).

DÉFINITION.

La partie PT de l'axe prolongé jusqu'à la tangente MT, comprise entre celle-ci & l'ordonnée correspondante MP, s'appelle *sous-tangente*.

Théorême.

14. *La sous-tangente PT est double de l'abscisse* PS $= x$.

Démonst. L'ordonnée MP est une perpendiculaire abaissée, de l'angle droite M du triangle rectangle QMT, sur l'hypothénuse QT : donc PT $= \frac{\overline{MP}^2}{P\overline{Q}} = \frac{4ax}{2a}$ (4 & 13) $= 2x$.

Corollaire I.

Donc en menant d'un point M l'ordonnée MP, & prolongeant l'abscisse P S d'un prolongement ST $=$ PS, la droite MT sera tangente au point M.

Corollaire II.

15. Le rectangle BP sous l'ordonnée MP & son abscisse SP est égal au triangle MTP ; car sur la même base MP, la hauteur PT du triangle est double de la hauteur PS du rectangle.

Corollaire III.

Puisque le sommet S est le milieu de la soustangente PT, la perpendiculaire CS élevée sur l'axe au sommet, & la perpendiculaire FC menée du foyer à la tangente MT coupent celle-ci en deux également au même point C (12).

Théorême.

La perpendiculaire FC menée du foyer sur la tangente MT croît comme la racine quarrée du rayon vecteur FM.

Démonst. La droite CS est une perpendiculaire abaissée de l'angle droit C du triangle FCT sur l'hypothénuse FT : donc $\overline{FC}^2 = FT \times FS = FM \times FS (12) = FM \times a$; donc, à cause de la constante a, $\overline{FC}^2$ est proportionnel à FM, & par conséquent FC croît comme $\sqrt{FM}$.

DÉFINITION.

16. Le parametre d'un diametre quelconque MG est, comme celui de l'axe, une ligne quadruple de la distance MA de son origine M à la directrice Dd : donc ce parametre $= 4 PD =$

4DS + 4PS = $p + 4x$ (5). Ainſi le parametre d'un diametre ſurpaſſe toujours celui de l'axe, du quadruple de l'abſciſſe correſpondante.

Corollaire.

17. Donc le quarré de la tangente MT eſt égal au rectangle ſous l'abſciſſe x correſpondante & le parametre $p + 4x$ du diametre auſſi correſpondant; car dans le triangle rectangle MTP on a $\overline{MT}^2 = \overline{MP}^2 + \overline{PT}^2 = px + 4xx$ (14) $= x \times \overline{p+4x}$.

DÉFINITIONS.

Une droite RV parallele à la tangente MT, & menée d'un point quelconque R de la courbe à un diametre MG, s'appelle ordonnée à ce diametre, & MV eſt ſon abſciſſe. (*fig.* 5).

THÉORÊME.

18. *Le Quarré d'une ordonnée RV à un diametre MG eſt égal au produit de ſon abſciſſe MV par le parametre du diametre.*

DÉMONST. Prolongeons l'ordonnée RV juſqu'à la rencontre D de l'axe; menons du ſommet une autre ordonnée SG au diametre, & des points M & R les ordonnées MP & RN à l'axe, prolongeant la derniere juſqu'au côté BM du rectangle BP. Nous aurons MTP : RDN :: $\overline{MP}^2$: $\overline{RN}^2$ ::

PS : NS (6) :: (*a*) BP : BN ; parce que ces rectangles de même hauteur font comme leurs bafes PS & NS : donc MTP : RDN :: BP : BN ; & parce que BP $=$ MTP (15), on aura BN $=$ RDN. Retranchons des deux premieres furfaces égales le trapeze commun RP & les deux dernieres égales BN & RDN, les reftes égaux CO & TO augmentés du triangle-MOV donneront le triangle CVR égal au parallélogramme TV. D'ailleurs le triangle BGS eft égal au parallélogramme TG, parce que la bafe BG du triangle eft double de la bafe MG du parallélogramme, comme PT eft double de ST (14). Or les deux triangles femblables BGS, CVR font comme $\overline{SG}^2$ & $\overline{RV}^2$, & les deux parallélogrammes TG, TV de même hauteur font comme MG & MV : donc $\overline{SG}^2$: $\overline{RV}^2$ :: MG : MV :: MG $\times p'$: MU $\times p'$ (en faifant le parametre du diametre $= p'$), & parce que $\overline{SG}^2$ ou $\overline{MT}^2 =$ PS $\times p'$ (17) $=$ ST $\times p'$ (14) $=$ MG $\times p'$, il s'enfuit que $\overline{RV}^2 =$ MV $\times p'$. Donc, &c.

AUTRE DÉMONST. Ayant mené à l'axe la perpendiculaire VZ $=$ MP $= y$, & faifant toujours l'abfciffe SP $= x$, foit l'abfciffe MV ou PZ $= x'$ & NZ ou CV $= z$. Les triangles femblables PTM, CVR donnent $\overline{PT}^2$: $\overline{MT}^2$ :: $\overline{CV}^2$: $\overline{RV}^2$, & avec les expreffions, $4xx : px + 4xx$ (17) :: zz :

(*a*). On défigne ici les parallélogrammes & les trapèzes par deux lettres en diagonale.

$RV^2 = \frac{\zeta\zeta}{4x} \times \overline{p + 4x}$. Les mêmes triangles donnent

encore PT : MP :: CV : CR, ou $2x : y ::$

ζ : CR $= \frac{y\zeta}{2x}$, laquelle valeur de CR étant retran-

chée de CN $=$ MP $= y$, il reste $y - \frac{y\zeta}{2x}$ pour celle

de l'ordonnée R N, dont l'abfciffe S N eft SP +

PZ — NZ ou $x + x' - \zeta$; & comme les quarrés

des ordonnées MP $= y$ & RN $= y - \frac{y\zeta}{2x}$ font

proportionnelles à leurs abfciffes, on a $yy : yy -$

$\frac{\zeta yy}{x} + \frac{yy\zeta\zeta}{4xx} :: x : x + x' - \zeta$, & en multipliant

les termes de la premiere raifon par x & les divi-

fant par yy, $x : x - \zeta + \frac{\zeta\zeta}{4x} :: x : x + x' - \zeta :$

donc, les antécédents étant égaux, on a $x - \zeta +$

$\frac{\zeta\zeta}{4x} = x + x' - \zeta$, & par conféquent $\frac{\zeta\zeta}{4x} = x'$,

& l'équation $\overline{RV^2} = \frac{\zeta\zeta}{4x} \times \overline{p + 4x}$ devient, par la

fubftitution, $\overline{RV^2} = x' \times \overline{p + 4x}$; or x' eft l'abfciffe

MV de l'ordonnée au diametre dont $p + 4x$ eft

le parametre (16) : donc le quarré d'une ordonnée

au diametre eft égal au &c.

Corollaire I.

19. Si l'on fait l'ordonnée RV $= y'$, & le pa-

rametre $p + 4x = p'$, on aura $y'y' = p'x'$; &

comme p' eft une grandeur conftante pour un

même

même diametre, il s'enfuit que les quarrés des ordonnées font comme les abfciffes.

Corollaire II.

20. Puifque $y'y' = p'x'$, on a $y' = \mp \sqrt{p\,x}$, & par conféquent à chaque abfciffe répondent deux ordonnées égales & oppofées : ainfi en menant deux cordes paralleles quelconques, la ligne qui les coupera en deux également fera un diametre ; une autre corde perpendiculaire à ce diametre fera une double ordonnée à l'axe, & la perpendiculaire au milieu de cette double ordonnée fera l'axe lui-même, dont on trouvera aifément le parametre (8), & par conféquent le foyer & la directrice.

THÉORÊME.

La fous-Tangente fur un diametre eft double de l'Abfciffe. (fig. 6).

DÉMONST. Soit menée, d'un point quelconque N, une ordonnée NB à un diametre MB ; & une tangente NT ; il faut prouver que la fous-tangente BD eft double de l'abfciffe MB, ou que MB = MD, ou, en fuppofant au point N un autre diametre NG & l'ordonnée MG, que MB = NG.

Prolongeons l'ordonnée MG jufqu'à la rencontre U de l'axe, fuppofons la tangente MC à laquelle l'ordonnée NB doit être parallele

B

(17. défin.) , & menons à l'axe les ordonnées
MP & NO : fi l'on fait l'abfciffe $OS = z$, on aura
$\overline{NT}^2 = z \times \overline{p+4z}$ (17) ; & comme les triangles
femblables NTO , MUP donnent $\overline{NT}^2 : \overline{MU}^2 ::$
$\overline{NO}^2 : \overline{MP}^2 :: OS : PS$ (6) , on aura , en faifant
$PS = x$, $z \times \overline{p+4z} : \overline{MU}^2 :: z : x$, & par conféquent $\overline{MU}^2 = x \times \overline{p+4z}$; d'ailleurs $\overline{MC}^2 = $
$x \times \overline{p+4x}$: donc , à caufe du facteur commun
x , on a $p + 4x : p + 4z :: \overline{MC}^2 : \overline{MU}^2 ::$
$\overline{NB}^2 : \overline{ND}^2$, vu que les triangles MCU , NBD
font femblables ; mais fi les quarrés $\overline{NB}^2$ & $\overline{ND}^2$
ou $\overline{MG}^2$ des ordonnées aux diametres MB & NG
font comme les parametres $p+4x$ & $p+4z$ (16)
de ces diametres , les abfciffes MB & NG font
néceffairement égales (18) : donc , &c.

P R O B L Ê M E.

D'un point donné D *hors de la Parabole mener
une Tangente à cette courbe.*

Solut. Menez du point D l'indéfinie DMB
prallelement à l'axe ; prenez $MB = MD$; au
point M menez la tangente MC , & par B l'ordonnée BN parallele à MC , ND fera tangente :
car , felon le théorême , BD double de l'abfciffe
BM (par conftruction) eft fous-tangente pour la
tangente menée au même point N que l'ordonnée BN.

THÉORÊME.

La surface S d'un Segment oblique ATOA est les deux tiers du parallélogramme circonscrit ALHO, ou $S = \frac{2}{3} AM \times PT$. (fig. 7.)

DÉMONST. Ayant mené du point de contact T le diametre TP, une autre ordonnée BN à ce diametre, & la parallele BG, on a (19) $PT:NT :: \overline{OP}^2 : \overline{BN}^2$ ou $\overline{GP}^2$, & *substrahendo*, $PT - NT : \overline{OP}^2 - \overline{GP}^2 :: PT : \overline{OP}^2$; mais $PT - NT = NP$ ou BG, & $\overline{OP}^2 - \overline{GP}^2 = \overline{OP + GP} \times \overline{OP - GP} = AG \times GO = \overline{GY}^2$, en supposant un demi-cercle AYO construit sur la double ordonnée AO: donc $BG : \overline{GY}^2 :: PT : \overline{OP}^2$ ou $\overline{PY}^2$; & parce que les paralleles BG, PT, &c prolongées dans le demi-cercle AXM y forment des ordonnées DX, CX, &c correspondantes & proportionnelles aux ordonnées GY, PY, &c du demi-cercle AYO; on a aussi $BG : \overline{DX}^2 :: PT : \overline{CX}^2$; or tout autre parallele BG & le quarré $\overline{DX}^2$ de l'ordonnée circulaire correspondante feront aussi $:: PT : \overline{CX}^2$; donc la somme des BG, ou la surface S du segment ATOA, est à la somme des quarrés des ordonnées du demi-cercle AXM $:: PT : \overline{CX}^2$; ainsi $S : \frac{4}{3} \overline{AC}^2$ (9) $:: PT : \overline{CX}^2$ ou $\overline{AC}^2$; & par conséquent $S = \frac{4}{3} AC \times PT = \frac{2}{3} AM \times PT$.

DÉFINITION.

21. Un arc infiniment petit RMZ d'une courbe quelconque (*fig.* 4.) peut être regardé comme

circulaire : or le rayon du cercle auquel cet arc appartiendroit s'appelle *rayon de courbure*, & doit se prendre sur la normale MQ, parce que dans le cercle le rayon est perpendiculaire à la circonférence : on peut supposer que la corde RZ d'un tel arc est coupée, au même point V, par la normale MQ & par le diametre MG, parce qu'elle est infiniment proche de l'origine M de ces deux lignes.

P R O B L Ê M E.

Déterminer le rayon de courbure pour la para-bole.

SOLUT. Suppofons que MO prise sur la normale MQ prolongée, si l'on veut, soit le double rayon de courbure, & menons la perpendiculaire OG sur le diametre parabolique MG, la circonférence du cercle osculateur passera par le sommet G de l'angle droit OGM appuyé sur le diametre MO, & les droites MG & RZ seront deux cordes dans le cercle, dont la premiere coupera la seconde en deux parties égales (20) ; ainsi on aura, par la propriété du cercle, $\overline{RV}^2 = MV \times VG$ ou $MV \times MG$; car $VG = MG$, à cause de l'infiniment petit MV ; mais par celle de la parabole, $\overline{RV}^2 = MV \times 4 MA$ (18) : donc $MG = 4 MA = 4 MF$ (3) $= 4r$ (en faisant MF ou FT (12) $= r$).

Maintenant, comme les triangles rectangles

MGO, FCT font femblables, parce que les côtés de l'angle aigu GMO de l'un font paralleles aux côtés de l'angle aigu CFT de l'autre, on a MO : FT :: MG : CF, ou en faifant CF = t, MO : r :: 4r : t; donc MO = $\frac{4rr}{t}$, & le rayon de courbure $\frac{MO}{2} = \frac{2rr}{t}$.

Corollaire.

Comme le triangle rectangle FCT donne $\overline{CF}^2$ = FS × FT, ou $tt = ar$ (3. définit.), on peut, fans changer la valeur de la fraction $\frac{2rr}{t}$, la multiplier par ar & la divifer par tt: donc $\frac{MO}{2} = \frac{2ar^3}{t^3}$.

Remarque.

Ainfi dans la parabole les rayons de courbure font comme les quarrés des rayons vecteurs divifés par les perpendiculaires abaiffées du foyer fur les tangentes; & encore, à caufe de la conftante $2a$ ou $\frac{p}{2}$ (5), comme les cubes de ces mêmes rayons divifés par les cubes des mêmes perpendiculaires.

Nous allons voir maintenant qu'une fection parallele au côté du cône, a la propriété caractériftique de la parabole. (*fig.* 8).

THÉORÊME.

Dans la section SNM *, parallele au côté* AB *du cóne , les quarrés des ordonnées font comme les abfciffes.*

Démonst. La fection SNM & les deux circulaires BMC , DNG qui la coupent, étant néceffairement perpendiculaires au plan BAC de quelque triangle par l'axe , leurs communes fections PM , ON font perpendiculaires aux lignes BC , DG & PS qui font dans le plan de ce triangle ; & comme PS eft l'axe de la fection SNM , & que BC & DG font des diametres, vu que le plan du triangle coupe par le milieu la fection SNM & les deux circulaires , il s'enfuit que PM eft une ordonnée au diametre BC, ON au diametre DG , & l'une & l'autre à l'axe P S. On remarquera auffi que la fection SNM étant fuppofée parallele au côté AB , on a BP = DO. Cela pofé, les triangles femblables PSC , OSG donnent PS : OS :: PC : OG :: $PC \times BP : OG \times DO$; mais par la propriété du cercle, $PC \times BP = \overline{PM}^2$, & $OG \times DO = \overline{ON}^2$: donc PS : OS :: $\overline{PM}^2 : \overline{ON}^2$. Donc &c.

DE L'ELLIPSE.

1. Une droite A a (*fig.* 9.) & , fur cette droite, deux points F & f également diftants de fes extré·mités A & a étant donnés, fi la fomme M F + M f des deux diftances d'un point M aux points F & f eft égale à la ligne A a, ce point appartient à l'ellipfe.

Or, pour trouver de tels points, on prendra pour rayon une portion quelconque aP de la ligne A a, mais plus petite que a F ou A f, & d'un des points F, f, on décrira un arc de cercle que l'on coupera enfuite, de l'autre point, par un autre arc dont le rayon fera le refte AP de la même ligne, & le point S d'interfection fera à l'ellipfe ; car, par cette conftruction, on aura SF + Sf = AP + aP = A a.

DÉFINITIONS.

La droite A a s'appelle *grand-axe* ; fes extré·mités A & a, *fommets* ; une perpendiculaire B b. au milieu de A a, *petit-axe* ; le point C d'inter·fection, *centre* ; les points F, f, *foyers* ; leur diftance FC ou fC au centre, *excentricité* ; les perpendiculaires MP, MO fur les axes, *ordon-·nées* ; les deux parties AP, aP, ou BO, bO, *abfciffes* , & les droites MF, Mf, *rayons vecteurs*.

B 4

On défignera algébriquement le grand-axe par $2a$; le petit, par $2b$; la diftance Ff des foyers, par $2c$; une ordonnée quelconque MP, par y, & fa diftance CP áu centre, ou fa petite *abfciffe* AP, par x.

THÉORÊME.

2. *Le demi-petit-axe* b *eft moyen proportionnel entre les deux diftances* a + c & a — c *d'un des foyers aux fommets* A & a.

DÉMONST. La fomme $BF + Bf$ des rayons vecteurs, menés de l'extrémité B du petit-axe, eft égale à $2a$ (1) ; & à caufe de la parfaite égalité des triangles BCF, BCf, chacun de ces rayons $= a$; d'ailleurs $BC = b$, & $CF = c$: donc le triangle BCF étant rectangle, on a $bb = aa - cc = \overline{a+c} \times \overline{a-c}$, & par conféquent $a + c : b :: b : a - c$.

3. Il eft évident qu'ayant $bb = aa - cc$, on a $cc - aa = - bb$.

THÉORÊME.

4. *Le quarré* y^2 *d'une ordonnée quelconque* MP, *aü grand-axe, eft au rectangle* PA $\times$ Pa *de fes abfciffes, comme le quarré* b^2 *du demi-petit-axe eft au quarré* a^2 *du demi-grand-axe.*

DÉMONST. Ayant mené les rayons vecteurs MF, Mf, dont la fomme $= 2a$ (1), foit leur différence $= 2\zeta$, le plus grand Mf fera $a + \zeta$,

& le plus petit $MF\ a - z$ (a). Si l'on fait $CP = x$, Pf sera $c + x$, & $PF\ c - x$, à cause de CF ou $Cf = c$ (1).

Or, le triangle rectangle MPf donne $\overline{MP}^2 = \overline{Mf}^2 - \overline{Pf}^2$: donc $yy = \overline{a+z}^2 - \overline{c+x}^2 = aa + 2az + zz - cc - 2cx - xx$. De même le triangle MPF donne $MP^2 = \overline{MF}^2 - \overline{PF}^2$: donc $yy = \overline{a-z}^2 - \overline{c-x}^2 = aa - 2az + zz - cc + 2cx - xx$: donc (b) $aa + 2az + zz - cc - 2cx - xx = aa - 2az + zz - cc + 2cx - xx$, & en réduisant & transposant,

$$4az = 4cx, \ \& \ z = \frac{cx}{a}.$$

Substituant cette valeur à la place de z, dans une des valeurs de yy, dans la derniere par exemple, on a $yy = aa - 2cx + \frac{ccxx}{aa} - cc + 2cx - xx$; puis réduisant & mettant bb pour $aa - cc$ (2), $yy = bb + \frac{ccxx}{aa} - xx = (c)$

$$\frac{aabb + ccxx - aaxx}{aa}\ ;\ \text{& enfin substituant} - bbxx$$

(a) La plus grande de deux quantités contient la moitié de leur somme, plus la moitié de leur différence ; & la plus petite, la moitié de leur somme, moins la moitié de leur différence.

(b) En égalant les deux valeurs que l'on vient de trouver pour y^2.

(c) En transformant les entiers en fractions.

à la place de $ccxx - aaxx$ (3) , $yy = \dfrac{aabb - bbxx}{aa}$

$= \dfrac{bb}{aa} \times \overline{aa - xx}$: donc $yy : aa - xx :: bb : aa$;

or, $aa - xx = \overline{a + x} \times \overline{a - x} = Pa \times PA$ rectangle des abfciffes de MP; donc le quarré d'une ordonnée quelconque, &c.

Corollaire I.

5. Il fuit, du rapport conftant $:: bb : aa$, que les quarrés des ordonnées font entr'eux comme les rectangles des abfciffes. C'eft pourquoi (*fig.* 13.) fi l'on prend fur le grand-axe des portions égales CD, Ch, & que l'on mene les ordonnées ND, nh, les rectangles de leurs abfciffes étant égaux, on aura $\overline{ND}^2 = \overline{nh}^2$, & par conféquent $ND = nh$: ainfi en menant au centre les droites NC, nC, on aura deux triangles parfaitement égaux, dans lefquels les angles DCN, hCn feront des oppofés égaux; mais les côtés CD, Ch de ces angles font en ligne droite : donc les deux autres CN, Cn y font auffi, & par conféquent tout diametre NCn eft divifé par le centre en deux parties égales.

Corollaire II.

Plus les abfciffes AP, aP font inégales (*fig.* 9), plus leur rectangle eft petit : donc les ordonnées diminuent de plus en plus, en s'éloignant du centre.

Corollaire III.

Si l'on prend (*fig.* 10.) fur les ordonnées *dn*, DN, CR, &c. d'un cercle ARa, des parties *dm*, DM, CB, qui leur foient proportionnelles, la ligne AMMa fera une ellipfe ; car on aura (conftr.) $\overline{dm}^2 : \overline{DM}^2 :: \overline{dn}^2 : \overline{DN}^2$; mais, dans le cercle, les quarrés $\overline{dn}^2$, $\overline{DN}^2$ font les rectangles des abfciffes : donc les parties *dm*, DM feront des ordonnées à l'ellipfe (5).

On peut auffi décrire l'ellipfe, en prolongeant proportionnellement les ordonnées du cercle ; car alors le diametre Aa fera le petit - axe, & nous verrons bientôt que les quarrés des ordonnées à cet axe, font auffi comme les rectangles des abfciffes.

Corollaire IV.

6. Si au lieu du centre (*fig.* 9.) on prend le fommet A pour l'origine des x, en faifant la petite abfciffe AP $= x$, l'autre abfciffe aP fera $2a - x$, & leur rectangle, $2ax - xx$; par conféquent l'équation, dans cette hypothefe, eft

$$yy = \frac{bb}{aa} \times \overline{2ax - xx}.$$

Corollaire V.

Si l'on fait AF $= c$, l'on aura $bb = \overline{2a - c}$ $\times c$ (2) $= 2ac - cc$, & en fubftituant cette valeur de bb dans l'équation $yy = \dfrac{bb}{aa} \times \overline{2ax - xx}$,

elle deviendra $yy = \dfrac{2ac - cc}{aa} \times \overline{2ax - xx}$; mais

fi le grand-axe $2a$ de l'ellipfe étoit infini, $2ac - cc$ fe réduiroit à $2ac$, & $2ax - xx$ à $2ax$ (a), & l'on auroit $yy = \dfrac{2ac}{aa} \times 2ax = 4cx$, équation à la parabole : donc la parabole n'eft qu'une ellipfe dont le grand-axe eft infini.

Corollaire VI.

En faifant auffi le diametre du cercle $= 2a$, (*fig.* 10.) une ordonnée quelconque $PN = y$ forme deux abfciffes, dont le rectangle de la petite $AP = x$, par la grande $aP = 2a - x$, eft $2ax - xx$, & l'on a $yy = 2ax - xx$. Si l'on fait $= x$ la diftance CP du centre à l'ordonnée, le rectangle de la petite abfciffe $AP = a - x$, par la grande $aP = a + x$, eft $aa - xx$, & l'on a $yy = aa - xx$. Or l'équation de l'éllipfe feroit auffi $yy = aa - xx$ (4) ou $2ax - xx$ (6), fi fes deux axes étoient égaux, vu que dans cette hypothefe $\dfrac{bb}{aa} = 1$: donc le cercle n'eft qu'une ellipfe

---

(a) Parce que les quantités finies cc & xx deviendroient infiniment petites, vis-à-vis des infiniment grandes $2ac$ & $2ax$.

dont les axes font égaux, ou dont les foyers fe réuniffent au centre.

Corollaire *V I I.*

De $yy = \dfrac{bb}{aa} \times \overline{aa - xx}$ (4) (*fig.* 9.) on conclut,

en extrayant, $y = \mp \dfrac{b}{a} \sqrt{\overline{aa - xx}}$: donc chaque ordonnée MP a deux valeurs égales, l'une pofi‑ tive & l'autre négative, c'eft-à-dire, oppofées; ce qui donne à l'ellipfe une égale étendue de chaque côté.

Si l'on fuppofoit $x = a$, c'eft-à-dire $CP = CA$, l'équation $y = \mp \dfrac{b}{a} \sqrt{\overline{aa - xx}}$ deviendroit $y = \pm \dfrac{b}{a} \sqrt{\overline{aa - aa}} = o$; & fi l'on prenoit $x > a$, de maniere que l'on eut, par exemple, $xx = aa + dd$, l'on auroit $y = \pm \dfrac{b}{a} \sqrt{\overline{aa - aa - dd}} = \pm \dfrac{b}{a} \sqrt{-dd}$ grandeur imaginaire : donc l'ellipfe fe ferme aux extrémités du grand axe.

D É F I N I T I O N S.

7. Une troifieme proportionnelle au grand axe & au petit s'appelle *parametre du grand axe*; or ce parametre $p = \dfrac{2bb}{a}$, car $2a : 2b :: 2b : \dfrac{2bb}{a}$. Celui du petit axe feroit une troifieme propor‑ tionnelle au petit axe & au grand.

Corollaire I.

La double ordonnée qui paſſe par un foyer, eſt égale au parametre ; car les abſciſſes de cette ordonnée ſont $a + c$ & $a - c$, dont le rectangle $aa - cc = bb$ (2) ; or, en ſubſtituant bb pour $aa - xx$, l'équation $yy = \dfrac{bb}{aa} \times \overline{aa - xx}$ devient $yy = \dfrac{bb}{aa} \times bb = \dfrac{b^4}{aa}$: donc $y = \dfrac{bb}{a}$ & $2y = \dfrac{2bb}{a} = p$.

Corollaire II.

Puiſque $p = \dfrac{2bb}{a}$, on a $\dfrac{p}{4} = \dfrac{bb}{2a} = \dfrac{\overline{a+c} \times \overline{a-c}}{2a}$ (2) : donc $\dfrac{p}{4} : a - c :: a + c : 2a$; mais $\overline{a+c} < 2a$: donc auſſi $\dfrac{p}{4} < \overline{a-c}$; c'eſt-à-dire que le parametre p n'eſt pas quadruple de la diſtance $a - c$ d'un foyer au plus proche ſommet.

Corollaire III.

Puiſque $p = \dfrac{2bb}{a}$, on a $\dfrac{p}{2} = \dfrac{b^2}{a}$: donc l'équation $y^2 = \dfrac{bb}{aa} \times \overline{aa - xx}$ (4) ou $= \dfrac{bb}{aa} \times \overline{2ax - xx}$ (6) peut s'exprimer ainſi $y^2 = \dfrac{p}{2a} \times \overline{aa - xx}$ ou $= \dfrac{p}{2a}\overline{2ax - xx}$, & ſous cette forme, elle s'appelle équation au parametre.

Corollaire I V.

L'équation au parametre, dans laquelle $x =$ AP, est $yy = \dfrac{p}{2a} \times \overline{2ax-xx} = px - \dfrac{pxx}{2a}$: donc le quarré yy de l'ordonnée est plus petit que le rectangle px de la petite abscisse AP par le parametre. C'est de ce défaut d'égalité que l'ellipse tiré son nom.

THÉORÊME.

8. *Le quarré d'une ordonnée quelconque* MO *au petit axe, est au rectangle* bO $\times$ BO *de ses abscisses, comme le quarré* a^2 *du demi-grand axe est au quarré* b^2 *du demi-petit axe.*

DÉMONST. De l'équation $yy = \dfrac{aabb - bbxx}{aa}$ (4), on déduit (a) $bbxx = aabb - aayy$, & par consé-quent, $xx : bb - yy :: aa : bb$; or xx est le quarré de MO $=$ CP $= x$, & $bb - yy = \overline{b - y} \times \overline{b + y}$ est le rectangle $bO \times BO$ des abscisses de l'ordonnée MO, à cause de BC $= b$, & de CO $=$ MP $= y$: donc le quarré d'une ordonnée quelconque MO, &c.

Corollaire I.

9. Il suit du rapport constant $:: aa : bb$, que les quarrés des ordonnées au petit axe sont aussi proportionnels aux rectangles des abscisses.

(a) En multipliant tout par aa & transposant.

Corollaire I I.

10. On trouvera , en extrayant , que l'ordonnée MO $= x$ a deux valeurs égales , l'une positive & l'autre négative : par conséquent , à chaque point du petit axe , s'élevent aussi deux ordonnées égales & opposées.

Si l'on supposoit $y = b$, ou $y > b$, c'est-à-dire , CO $= Cb$, ou CO $> Cb$, on concluroit que l'ellipse ne s'étend pas non plus au-delà des extrémités du petit axe , comme on l'a conclu à l'égard du grand axe. (*6. Cor. 7.*)

THÉORÊME.

11. *La surface de l'ellipse* ABa (fig. 10.) *est à la surface du cercle* ARa *décrit sur son grand axe , comme le demi - petit axe* b *est au demi - grand axe* à.

DÉMONST. Soit , dans le cercle , l'ordonnée DN correspondante à l'ordonnée DM , dans l'ellipse ; si l'on fait CD $= x$, on a , pour le cercle , $\overline{DN}^2 = a^2 - x^2$; or , pour l'ellipse , on a $\overline{DM}^2 = \frac{bb}{aa} \times \overline{a^2 - x^2}$ (4) : donc $\overline{DM}^2 = \frac{bb}{aa} \times \overline{DN}^2$, & par conséquent $\overline{DM}^2 : \overline{DN}^2 :: bb : aa$, & DM : DN $:: b : a$; & comme toutes les ordonnées correspondantes sont dans ce même rapport , il s'ensuit que la somme des DM , ou la surface de la demi-ellipse , est à la somme des DN , ou à

la

la furface du demi - cercle $::$ b : a ; & en prenant les furfaces entieres, *ellipfe* : *cercle* $::$ b : a.

Corrollaire I.

Soit c la circonférence du cercle fur le grand
axe $2a$, la furface de ce cercle fera $\frac{ac}{2}$, & l'on
aura, ellipfe : $\frac{ac}{2}$ $::$ b : a, & par conféquent l'ellipfe $= \frac{bc}{2}$, c'eft-à-dire que fa furface eft égale au
produit de la circonférence du cercle fur le grand
axe, par la moitié du rayon du cercle fur le petit
axe $2b$.

Corollaire II.

Soit d la circonférence du cercle fur le petit
axe $2b$, les circonférences étant comme les rayons,
on aura c : d $::$ a : b, & par conféquent $ad = bc$,
& $\frac{ad}{2} = \frac{bc}{2} = $ ellipfe (*Cor.* 1.); c'eft-à-dire que la
furface de l'ellipfe eft encore égale au produit
de la circonférence du cercle fur le petit axe,
par la moitié du rayon du cercle fur le grand
axe $2a$.

Corollaire III.

De ellipfe $= \frac{bc}{2}$ (*Cor.* 1.) & ellipfe $= \frac{ad}{2}$ (*Cor.* 2.)
on conclut ellipfe $\times$ ellipfe $= \frac{abcd}{2 \times 2} = \frac{ac}{2} \times \frac{bd}{2}$;

C

or $\frac{ac}{2}$ eſt le cercle ſur le grand axe, & $\frac{bd}{2}$ eſt le cercle ſur le petit axe : donc l'ellipſe eſt moyenne proportionnelle entre ces deux cercles.

Corollaire IV.

L'ellipſe eſt donc égal à un cercle moyen proportionnel entre le cercle ſur le grand axe, dont le rayon égal a, & le cercle ſur le petit axe, dont le rayon $= b$: donc le rayon d'un cercle égal à l'ellipſe eſt $\sqrt{ab}$.

Corollaire V.

L'ellipſe $= \frac{bc}{2}$ (*Cor.* 1.) $= \frac{abc}{2a}$; donc ellipſe : ab :: c : $2a$; c'eſt-à-dire que la ſurface de l'ellipſe eſt au produit de ſes demi-axes, comme la circonférence eſt au diametre.

Corollaire VI.

Il ſuit du rapport conſtant :: c : $2a$, que les ellipſes ſont entr'elles, comme les rectangles ab de leurs demi-axes, ou de leurs axes entiers.

THÉORÊME.

L'ellipſoïde eſt les deux tiers de ſon cylindre circonſcrit.

Démonst. Que la demi-ellipſe ABa & le demi-cercle ARa, avec leurs rectangles circonſcrits

AG, AS, faffent une révolution autour de l'axe
A*a*, on aura un ellipfoïde & une fphere, inf-
crits chacun dans un cylindre : or en prenant,
dans l'ellipfe & le cercle, deux ordonnées quelconque DM, DN correfpondantes, on a toujours
$\overline{DM}^2 : \overline{DN}^2 :: bb : aa$ (11) ; donc la fomme des
$\overline{DM}^2$ & celle des $\overline{DN}^2$ font auffi $:: bb : aa$, c'eft-
à-dire $:: \overline{CB}^2 : \overline{CR}^2$, ou $:: \overline{AG}^2 : \overline{AS}^2$; mais les
cercles font comme les quarrés des rayons : donc
la fomme des cercles dont les DM font rayons,
c'eft-à-dire, l'ellipfoïde, eft à la fomme des cercles dont les DN font rayons, c'eft-à-dire, eft à la
fphere ; comme le cercle dont AG eft rayon,
c'eft-à-dire, comme la bafe du cylindre circonfcrit à l'ellipfoïde, eft au cercle dont AS eft rayon,
c'eft-à-dire, eft à la bafe du cylindre circonfcrit à
la fphere ; & par conféquent, comme le premier
cylindre eft au fecond, parce que ceux-ci ont
même hauteur : ainfi *alternando* l'ellipfoïde eft à
fon cylindre circonfcrit, comme la fphere eft au
fien ; & par conféquent il eft les deux tiers de fon
cylindre circonfcrit.

PROBLÊME.

12. *Mener une tangente à un point quelconque* M
de l'ellipfe. (fig. 11.)

SOLUT. Ayant mené les rayons vecteurs MF,
M*f*, prolongez celui-ci d'un prolongement MG
égal à l'autre rayon MF, & tirez la droite FG,

la perpendiculaire MD fur FG fera tangente au point M ; c'eſt-à-dire qu'aucun autre point L de MD n'appartiendra à la courbe : car le triangle FMG étant iſocele, par conſtruction, le point L de la perpendiculaire MD eſt auſſi diſtant de F que de G ; ainſi la droite LG exprime la diſtance de ce point au foyer F : d'ailleurs la droite Lf eſt évidemment la diſtance du même point L à l'autre foyer f ; or la ſomme LG + Lf de ces deux diſtances eſt plus grande que fG = Mf + MF (conſtr.) = Aa : donc le point L de MD n'appartient pas à l'ellipſe. (1).

Corollaire.

13. La tangente MD coupant l'angle FMG en deux également (conſtr.) , on a FMD = GMD ; d'ailleurs fML = GMD , comme oppoſés au ſommet : donc FMD = fML ; ainſi les rayons vecteurs font des angles égaux avec la tangente.

PROBLÊME.

14. *Trouver les expreſſions des rayons vecteurs.*

SOLUT. En cherchant l'équation au grand axe (4), on a fait la différence des deux rayons vecteurs = 2z, & l'on a trouvé $z = \dfrac{cx}{a}$; or leur ſomme = 2a (1) : donc le plus grand rayon Mf = $a + z = a + \dfrac{cx}{a} = \dfrac{aa + cx}{a}$; & le plus petit MF = $a - z = a - \dfrac{cx}{a} = \dfrac{aa - cx}{a}$.

PROBLÊME.

15. *Trouver l'expression de la sous-normale* PQ.

SOLUTION. GF perpendiculaire à la tangente MT (12.) est parallele à la normale MQ ; ainsi les triangles semblables fQM, fFG donnent fQ : fF :: fM : fG, & avec les expressions fQ : $2c$ :: $a + \dfrac{cx}{a}$ (14) : $2a$ (12) & *subtrahendo,* après avoir divisé les conséquents par 2, fQ $-$ c : c :: $\dfrac{cx}{a}$: a ; donc fQ $- c$, ou CQ $= \dfrac{ccx}{aa}$, & en retranchant CQ de CP $= x = \dfrac{aax}{aa}$, il reste

$$\frac{aax - ccx}{aa} = \frac{bbx}{aa} \quad (2) \text{ pour la sous-normale PQ.}$$

On emploiera, au N° 20, l'expression de CQ $= \dfrac{ccx}{aa}$.

Corollaire I.

De PQ $= \dfrac{bbx}{aa}$, on déduit PQ : $\dfrac{bb}{a}$ :: x : a ; mais $x < a$: donc PQ $< \dfrac{bb}{a}$ ou $\dfrac{p}{2}$ (7). Ainsi la sous-normale est plus petite que la moitié du parametre.

Corollaire II.

De PQ $= \dfrac{bbx}{aa}$, on déduit encore PQ : x :: bb : aa ; or $bb < aa$: donc PQ $< x$ ou PC, &

par conféquent la normale MQ ne peut jamais aboutir au centre.

16. *Trouver l'expreffion de la fous-tangente* PT.

Solur. Dans le triangle rectangle QMT, l'ordonnée MP eft une perpendiculaire abaiffée, du fommet de l'angle droit, fur l'hypothénufe QT: par conféquent $PT = \dfrac{\overline{MP}^2}{PQ}$; or $\overline{MP}^2 = \dfrac{aabb - bbxx}{aa}$ (4), & $PQ = \dfrac{bbx}{aa}$ (15); & pour divifer, l'une par l'autre, deux fractions de même dénomination, il fuffit d'opérer fur les numérateurs: donc $PT = \dfrac{aabb - bbxx}{bbx} = \dfrac{aa - xx}{x}$.

Corollaire I.

De $PT = \dfrac{aa - xx}{x}$, on déduit PT : $a - x$ :: $a + x$: x; or $a + x > x \times 2$, à caufe de $a > x$: donc $PT > \overline{a - x} \times 2$; c'eft-à-dire que la foustangente eft plus que double de la petite abfciffe $PA = a - x$.

Corollaire II.

$\dfrac{aa - xx}{x} \times x = aa - xx$: donc $PT \times PC = PA \times Pa$, rectangle des abfciffes de l'ordonnée MP (4).

Corollaire III.

17. En ajoutant $PC = x = \dfrac{xx}{x}$ à $PT = \dfrac{aa - xx}{x}$,

on a $CT = \dfrac{aa}{x}$: donc $x : a :: a : CT$; c'eſt-à-dire, $CP : CA :: CA : CT$; ainſi pour mener une tangente à un point M, on abaiſſera l'ordonnée MP, & une troiſieme proportionnelle à CP & CA, portée depuis le centre ſur l'axe prolongé, déterminera le point T où doit aboutir la tangente au point M.

Corollaire IV.

Si l'on mene des tangentes MT & NT (*fig.* 10.); aux points M & N, où aboutiſſent les ordonnées correſpondantes PM, PN de l'ellipſe & du cercle conſtruit ſur l'axe, ces tangentes rencontreront, au même point T, l'axe prolongé : car, le rayon CN étant perpendiculaire à la tangente NT, le triangle rectangle CNT donne $PT = \dfrac{\overline{PN}^2}{CP}$; mais, en faiſant toujours le grand axe $= 2a$ & $CP = x$, la propriété du cercle donne $\overline{PN}^2 = aa - xx$: donc $PT = \dfrac{aa - xx}{x}$; & par conféquent la fous-tangente eſt la même, pour le cercle, que pour l'ellipſe.

P R O B L Ê M E.

18. *Trouver l'expreſſion de la diſtance* CL *du centre à la tangente , ſur le petit axe.* (fig. 11).

Solut. De l'équation $y^2 = \dfrac{aabb - bbxx}{aa}$ (4) , on déduit $\dfrac{aayy}{bb} = aa - xx$; & par conféquent $\dfrac{aayy}{bbx} = \dfrac{aa - xx}{x} =$ PT (16). Cela poſé , les triangles ſemblables PTM , CTL donnent PT : CT :: PM : CL , & avec les expreſſions $\dfrac{aayy}{bbx} : \dfrac{aa}{x}$ (17) :: y : CL ; donc , en diviſant les deux premiers termes par $\dfrac{aa}{x}$, & les antécédents par y , $\dfrac{y}{bb}$: 1 :: 1 : CL $= \dfrac{bb}{y}$.

D'où l'on conclut $y : b :: b :$ CL , c'eſt-à-dire , CO : CB :: CB : CL , proportion qui fournit une méthode ſemblable à celle du N° 17 , de mener une tangente à un point M.

Corollaire I.

Si , de CL $= \dfrac{bb}{y}$, on retranche CO $=$ PM $= y$, on aura $\dfrac{bb - yy}{y}$ pour la ſous-tangente OL ſur le petit axe.

Corollaire I I.

Donc CL × PM , ou $\dfrac{bb}{y} \times y = bb$.

THÉORÊME.

19. *Le rectangle* (fig 12.) *, sous la normale* MQ *& la perpendiculaire* CG *menée du centre sur la tangente, est égal au quarré* bb *du demi-petit axe.*

DÉMONST. Les triangles rectangles PMQ, GCL font femblables, parce que l'angle aigu M de l'un a fes côtés paralleles à ceux de l'angle aigu C de l'autre : donc MP : MQ :: CG : CL ; or CL $\times$ MP $= bb$ (18. *Cor.* 2.) : donc auffi MQ $\times$ CG $= bb$.

THÉORÊME.

Le rectangle, sous les perpendiculaires AX, aY *élevées, sur le grand axe, aux fommets jufqu'à la tangente, est égal au quarré* bb.

DÉMONST. CL $\times$ MP $= bb$; or aY : CL :: MP : AX, ou, en prenant les côtés correfpondants à fes bafes paralleles, aT : CT :: PT : AT ; car, avec les expreffions, on a $\frac{aa+ax}{x}$: $\frac{aa}{x}$ :: $\frac{aa-xx}{x}$: $\frac{aa-ax}{x}$.

THÉORÊME.

20. *Le rectangle, sous les perpendiculaires* FD fR *menées des foyers fur la tangente, est égal au quarré* bb.

DÉMONST. MQ $\times$ CG $= bb$ (19) ; or fR : CG :: MQ : FD ; ou, en prenant les côtés corref-

pondants à ces bafes paralleles, $fT : CT ::$
$QT : FT$; car, avec les expreffions, on a $\frac{aa+cx}{x}$:
$\frac{aa}{x} :: \frac{aa}{x} - \frac{ccx}{aa} (15) : \frac{aa-cx}{x}$, & multipliant tout
par x, $aa + cx : aa :: aa - \frac{ccxx}{aa} : aa - cx$.

Théorême.

21. *La perpendiculaire* FD, *menée du foyer fur
la tangente, croît plus que la racine quarrée du
rayon vecteur* FM.

Démonst. Les triangles rectangles MFD, MfR
font femblables, à caufe des angles égaux que les
rayons vecteurs font avec la tangente (13), ainfi
$FD : fR :: FM : fM$; & parce que $fR = \frac{bb}{FD}$ (20),
on a, en fubftituant & multipliant les deux premiers termes par FD, $FD^2 : bb :: FM : fM$;
donc $FD^2 = \frac{FM}{fM} \times bb$, & par conféquent, à caufe
de la conftante bb, FD^2 eft proportionnelle à $\frac{FM}{fM}$,
fraction qui croît plus que fon numérateur FM (a),

(a) La raifon des fractions étant compofée de la directe
des numérateurs & de l'inverfe des dénominateurs, deux
caufes concourent ici à augmenter la fraction, fçavoir, l'accroiffement du numérateur & la diminution du dénominateur;
au lieu que le numérateur, confidéré tout feul, ne reçoit que
fon accroiffement particulier.

puifque dans l'ellipfe, FM croiffant, fM diminue : donc $\overline{FD}^2$ croît aulli plus que FM , & FD plus que $\sqrt{FM}$.

THÉORÉME.

Si , du foyer , l'on abaiffe la perpendiculaire FD *fur la tangente* MT *, & une autre perpendiculaire fur la tangente menée à l'extrémité du petit axe , la derniere perpendiculaire fera à la premiere , comme la racine quarrée du grand rayon vecteur est à celle du petit* (a).

DÉMONST. La perpendiculaire abaiffée du foyer, fur la tangente à l'extrémité du petit axe , feroit évidemment égale à la moitié CB de ce petit axe ; or CB : FD :: $\sqrt{f}$M : $\sqrt{FM}$, ou $\overline{CB}^2$: FD^2 :: fM : FM (b) ; car , en fubftituant aux deux premiers termes leurs expreffions , on a $bb : \dfrac{FM}{fM}$ $\times$ bb (21) :: fM : FM.

Corollaire.

Puifque CB : FD :: $\sqrt{f}\overline{M}$: $\sqrt{F}\overline{M}$ (*Théoréme*), on a CB : FD :: $\sqrt{f}\overline{M \times FM}$: FM (c) ; par conféquent FM : FD :: $\sqrt{f}\overline{M \times FM}$: CB.

(a) Propofition utile , dans l'Aftronomie , pour comparer les différentes viteffes d'une planete.

(b) Comme les termes de cette proportion font les quarrés des termes de la précédente , fi elle eft vraie , la précédente l'eft aufli.

(c) En multipliant les termes de la feconde raifon par $\sqrt{F}\overline{M}$.

THÉORÊME.

La portion MS *du rayon vecteur, comprise entre le point de contact & une droite* CS *menée, par le centre, parallelement à la tangente, est égale au demi grand axe* a.

Démonst. Puisque CS est parallele à la tangente MT, on a MS : CT :: fM : fT ; & algébriquement, MS : $\frac{aa}{x}$ :: $\frac{aa + cx}{a}$ (14) : $\frac{aa + cx}{x}$ :: x : a ; parce que les termes de la seconde raison font des fractions de même numérateur (a) : donc MS $=$ a.

DÉFINITIONS.

22. Deux diametres nCN (*fig.* 13.), MCm, dont l'un est parallele à la tangente MT menée à l'origine de l'autre, s'appellent *diametres conjugués.* Une droite RV parallele à la tangente, est une ordonnée au diametre ; Vm & VM font les abscisses.

THÉORÊME.

23. *Si des extrémités* M & N *de deux diametres conjugués, on mene au grand axe, des ordonnées* MP, ND, *le quarré de la portion de l'axe, com-*

(a) Et que les fractions, qui ont même numérateur, font en raison inverse de leurs dénominateurs.

prise entre le centre & une des ordonnées, est égal au rectangle des abscisses de l'autre.

DÉMONST. Faisant toujours $CP = x$, soit $CD = v$. Les triangles semblables PTM, DCN (22) donnent $\overline{MP}^2 : \overline{DN}^2 :: \overline{PT}^2 : \overline{CD}^2 ::$ $\dfrac{\overline{aa - xx} \times \overline{aa - xx}}{xx}$ (16) $: vv$; & par la propriété de l'ellipse (5), $\overline{MP}^2 : \overline{DN}^2 :: aa - xx : aa - vv$; donc $\dfrac{\overline{aa - xx} \times \overline{aa - xx}}{xx} : aa - xx :: vv : aa - vv$; & en multipliant les deux premiers termes par xx, & les divisant par $aa - xx$, $aa - xx : xx$ $:: vv : aa - vv$; & addendo, $aa : xx ::$ $aa : aa - vv$. Donc $xx = aa - vv$, & par conséquent $vv = aa - xx$: c'est-à-dire que $\overline{CP}^2 =$ $\overline{CA}^2 - \overline{CD}^2 = DA \times Da$, & $\overline{CD}^2 = \overline{CA}^2 - \overline{CP}^2$ $= PA \times Pa.$

Corollaire I.

24. Puisque $\overline{CP}^2$ & $\overline{CD}^2$ sont les rectangles des abscisses des ordonnées DN & MP, on a (5) $\overline{DN}^2 : \overline{MP}^2 :: \overline{CP}^2 : \overline{CD}^2$, & $DN : MP ::$ $CP : CD$; par conséquent les triangles CPM & CDN, dont les bases sont en raison inverse des hauteurs, sont égaux.

Corollaire II.

25. $DN = \dfrac{bx}{a}$; car en substituant leurs expressions aux termes de la proportion $\overline{DN}^2 : \overline{MP}^2$

:: $\overline{CP}^2 : \overline{CD}^2$, on a $\overline{DN}^2 : \frac{bb}{aa} \times \overline{aa - xx}$ (4) ::

$xx : aa - xx$ (23), & en multipliant les consé-quents par aa, & les divisant par $aa - xx$,

$\overline{DN}^2 : bb :: xx : aa$; donc $\overline{DN}^2 = \frac{bbxx}{aa}$ &

$DN = \frac{bx}{a}$.

Remarque.

Par la propriété du triangle rectangle, la somme $\overline{CM}^2 + \overline{CN}^2$, des quarrés des demi-dia-metres conjugués, est égale à celle-ci, $\overline{MP}^2 = \frac{aabb - bbxx}{aa} + \overline{CP}^2 = xx + \overline{DN}^2 = \frac{bbxx}{aa} + \overline{CD}^2 = aa - xx$; or cette derniere somme se réduit évidemment à celle des quarrés des demi-axes $= aa + bb$: donc la premiere somme est égale à la derniere.

Corollaire III.

Si l'on avoit $CP = CD$, les ordonnées MP & DN feroient égales, & les diametres conjugués, égaux; or dans cette hypothese de $v = x$, l'équa-tion $vv = aa - xx$ (23) deviendroit $xx = aa - xx$, & l'on auroit $xx = \frac{aa}{2}$, & $a : x :: x : \frac{a}{2}$; donc, pour que les diametres conjugués soient égaux, il faut que CP soit moyenne proportion-nelle entre la moitié & le quart du grand axe.

Remarque.

Entr'autres méthodes on peut employer celle-
ci, pour trouver la moyenne proportionnelle
CP (*fig.* 10.); c'eft de décrire fur le grand axe
la demi-circonférence AR*a*, & mener un rayon
CN qui coupe l'angle droit RCA en deux également, l'ordonnée NP au cercle déterminera la
moyenne proportionnelle CP : car, par cette construction, on aura NP = CP, & par conféquent
$2\overline{CP}^2 = \overline{CN}^2$, & $\overline{CP}^2 = \dfrac{\overline{CN}^2}{2}$ ou $xx = \dfrac{aa}{2}$. &c.

On voit que la même ordonnée NP détermine,
fur l'ellipfe, un point M d'où l'on doit mener
un des diametres égaux; ainfi en la prolongeant,
elle y déterminera un fecond point, d'où l'on
doit mener l'autre.

Théorême.

26. *Le parallélogramme des diametres conjugués*
eft égal au rectangle des axes. (fig. 14.)

Démonst. Le parallélogramme CNHM des
demi-diametres conjugués CM, CN, eft éviden-
ment égal au produit de CN par la perpendiculaire CG menée, du centre, fur la tangente
MT (*a*); or les triangles rectangles CTG, NCD

(*a*) Parce qu'en prenant CN pour la bafe du parallélogramme, CG en eft la hauteur.

étant femblables , à caufe de C N parallele à MT (22), on a CG : CT :: DN : CN , ou CG : $\dfrac{aa}{x}$ :: $\dfrac{bx}{a}$ (25) : CN ; donc CN × CG $= ab$, & par conféquent le parallélogramme, &c.

Théorême.

Le demi-diametre conjugué CN (fig. 13.) *eft moyen proportionnel entre les deux parties* MT *&* Mt *de la tangente, comprifes entre le point de contact & les axes prolongés.*

Démonst. Les triangles femblables PTM , DCN (22) donnent $\overline{MT}^2 : \overline{CN}^2$ :: PTM : DCN :: PTM : CPM (24) :: PT : CP :: MT : Mt; donc $\overline{MT}^2 : \overline{CN}^2$ :: MT : Mt , & par conféquent $\overline{CN}^2 = MT \times Mt$.

Corollaire I.

Donc le prolongement MI du premier demi-diametre CM jufqu'à la circonférence décrite fur Tt, eft une troifieme proportionnelle aux demi-diametres CM & CN ; car, comme cette circonférence paffe par le centre, à caufe de l'angle droit TCt, on a CM : MT :: Mt : MI , & par conféquent CM × MI $=$ MT × Mt; mais MT × Mt $= \overline{CN}^2$ (*Théor.*) : donc CM × MI $= \overline{CN}^2$, & par conféquent CM : CN :: CN · MI.

Corollaire

Corollaire I I.

Donc le premier demi-diametre CM, prolongé de la troisieme proportionnelle MI, est toujours une corde dans le cercle qui, ayant son centre sur la tangente, passe par les points T & *t* où les axes prolongés la rencontrent.

Corollaire I I I.

Ainsi pour décrire l'ellipse, dont on connoîtra deux demi-diametres conjugués CM, CN & leur angle MCN, on prolongera CM de leur troisieme proportionnelle MI; on menera par M une droite indéfinie TM*t* parallele à CN; on élevera au milieu de CI une perpendiculaire jusqu'à la droite TM*t* (*a*), & la circonférence décrite du point de rencontre, & par le sommet C de l'angle MCN, coupera l'indéfinie aux points T & *t*, où les axes prolongés doivent la rencontrer; c'est pourquoi menant les droites TC, *t*C, & sur TC, du point M, la perpendiculaire MP; une moyenne proportionnelle CA entre CP & CT déterminera la longueur d'un des demi-axes (17). Pour déterminer celle de l'autre, on abaissera du

_____

(*a*) Dans le cercle, une perpendiculaire au milieu d'une corde passe par le centre; or CI doit être une corde, & le centre doit être sur TM*t*.

même point M fur *t*C , &c. (18). On voit affez la raifon de ce procédé , après ce qui vient d'être dit.

Théorême.

27. *Les triangles* CTM , CAZ , CNQ *font égaux.*

Démonst. 1° CAZ = CTM ; car $\overline{CP}^2 : \overline{CA}^2$ :: CP : CT (17) (*a*); donc CPM : CAZ :: CPM : CTM (*b*) , & par conféquent CAZ = CTM.

2° CNQ = CTM ; car $xx : aa - xx$ :: $x : \frac{aa - xx}{x}$; donc $\overline{CP}^2 : \overline{CD}^2$ (23) :: CP : PT (16); donc CPM : CDQ :: CPM : PTM , & par conféquent CDQ = PTM , & en leur ajoutant les triangles égaux CDN & CPM (24) , on a CNQ = CTM. Donc les trois triangles , &c.

Théorême.

28. *Le triangle reçtangle* RSH , *dont l'hypo-thénufe* RS *eft une ordonnée* RV *au diametre pro-longée jufqu'à l'axe , eft égal au trapeze* GMTH.

(*a*) Dans une proportion continue , le quarré du premier terme eft au quarré du fecond , comme le premier eft au troifieme.

(*b*) En fubftituant, dans la premiere raifon, les triangles femblables, aux quarrés de leurs côtés homologues; & , dans la feconde , les triangles de même hauteur , à leurs bafes.

En remarquant bien cette note , il fera inutile de la répéter.

DÉMONST. RSH : MTP :: $\overline{RH}^2$: $\overline{MP}^2$ ::
$\overline{CA}^2 - \overline{CH}^2$: $\overline{CA}^2 - \overline{CP}^2$ (5) :: CAZ — CHG
: CAZ — CPM, & parce que CAZ = CTM (27)
:: CTM — CHG : $\overline{CTM - CPM}$ = MTP ; donc
RSH : MTP :: CTM — CHG : MTP , & par
conféquent RSH = CTM — CHG = GMTH.

Corollaire.

29. En fouftrayant le trapeze GVSH commun
aux deux furfaces égales RSH , GMTH , il refte
le triangle RVG égal au trapeze STMV =
CTM — CSV ; or CTM — CSV : CTM ::
$\overline{CM}^2 - \overline{CV}^2$: $\overline{CM}^2$; donc RVG : CTM ::
$\overline{CM}^2 - CV^2$: $\overline{CM}^2$.

THÉORÉME.

30. *Le quarrré $\overline{RV}^2$ de l'ordonnée au diametre*
mM eft au rectangle $\overline{CM}^2 - \overline{CV}^2$ de fes abfciffes,
comme le quarré $\overline{CN}^2$ du demi-diametre conjugué eft
au quarré $\overline{CM}^2$ du demi-premier.

DÉMONST. Les triangles femblables RVG &
CNQ donnent RVG : CNQ ou CTM (27) ::
$\overline{RV}^2$: $\overline{CN}^2$; or (29) RVG : CTM :: $\overline{CM}^2 - \overline{CV}^2$
: $\overline{CM}^2$; donc RV² : $\overline{CN}^2$ :: $\overline{CM}^2 - \overline{CV}^2$: $\overline{CM}^2$, &
alternando, $\overline{RV}^2$: $\overline{CM}^2 - \overline{CV}^2$ :: $\overline{CN}^2$: $\overline{CM}^2$.
Donc, &c.

·30. A. AUTRE DÉMONS. Menant les perpendiculaires VL , VO , l'une au grand axe & l'autre à
l'ordonnée RH , & faifant CM = *m* & CV = *u*,

les triangles femblables CPM , CLV donnent

$m : u :: x : CL = \dfrac{u\,x}{m}$: ainfi les abfciffes de l'or-

donnée RH , fçavoir $AH = AC - CL + HL$,

& $aH = aC + CL - HL$ deviennent , en fai-

fant HL ou $VO = g$, l'une $a - \dfrac{u\,x}{m} + g$, & l'au-

tre $a + \dfrac{u\,x}{m} - g$; & leur rectangle eft $aa -$

$\dfrac{uu\,xx}{m\,m} + \dfrac{2gu\,x}{m} - gg$: celui des abfciffes de l'or-

donnée MP eft $aa - xx$.

Cela pofé, les triangles femblables CPM , CLV donnent $CM : CV :: MP : VL$ ou OH , & avec les expreffions , $m : u :: y : OH = \dfrac{u\,y}{m}$.

Les femblables MTP , RVO donnent $PT : MP$

$:: VO : RO$, ou $\dfrac{aa - xx}{x} : y :: g : RO = \dfrac{g\,x\,y}{aa - xx}$;

donc $RO + OH$ ou l'ordonnée $RH = \dfrac{g\,x\,y}{aa - xx}$

$+ \dfrac{u\,y}{m}$, & fon quarré eft $\dfrac{gg\,xx\,yy}{aa - xx \times aa - xx} + \dfrac{2\,g\,u\,x\,yy}{aa - xx \times m}$

$+ \dfrac{uu\,yy}{m\,m}$; celui de l'ordonnée MP eft yy ; or , en divifant ces quarrés par yy , & les multipliant par $aa - xx$, ils feront encore proportionnels aux rectangles de leurs abfciffes exprimés ci - deffus :

donc $\dfrac{gg\,x\,x}{aa - xx} + \dfrac{2gu\,x}{m} + \dfrac{aauu - uuxx}{m\,m} : aa - xx$

$:: aa - \dfrac{uu\,xx}{m\,m} + \dfrac{2gu\,x}{m} - gg : aa - xx$; & comme les conféquents de cette proportion font égaux, en formant une équation avec les antécédents qui doivent l'être aufli, on a, après avoir effacé les termes égaux, $\dfrac{ggxx}{aa - xx} + \dfrac{aauu}{mm} = aa - gg$, & en tranfpofant, $\dfrac{ggxx}{aa - xx} + gg = aa - \dfrac{aauu}{mm}$; puis multipliant & divifant gg par $aa - xx$, & aa par mm, $\dfrac{ggxx + acgg - ggxx}{aa - xx} = \dfrac{aamm - aauu}{mm}$; enfin réduifant & divifant par aa, $\dfrac{gg}{aa - xx} = \dfrac{mm - uu}{mm}$: donc $gg : aa - xx :: mm - uu : mm$; or $gg = \overline{VO}^2$, & $aa - xx = \overline{CD}^2$ (23); & à caufe des triangles femblables, RVO, NCD, $\overline{VO}^2 : \overline{CD}^2 :: \overline{RV}^2 : \overline{CN}^2$; donc $\overline{RV}^2 : \overline{CN}^2 :: mm - uu : mm$; donc *alternando*, &c.

Corollaire I.

Il fuit du rapport conftant $:: \overline{CN}^2 : \overline{CM}^2$, que les quarrés des ordonnées à un diametre font aufli proportionnels aux rectangles des abfciffes.

Corollaire II.

31. Le quarré $\overline{RV}^2$ ayant deux racines RV & YV égales & oppofées, le diametre coupe en deux également toute corde RY parallele à la tangente : ainfi une droite menée par le milieu de de deux cordes paralleles fera un diametre, &

décrivant du milieu de ce diametre , c'eſt-à-dire,
du centre , un arc circulaire compris dans l'ellipſe , la droite qui paſſera par le milieu de cet
arc & par le centre ſera le grand axe , &c.

PROBLÉME.

Déterminer le rayon de courbure (fig. 14.).

SOLUT. Suppoſons que MO priſe ſur la normale MQ prolongée , ſi l'on veut , ſoit le diametre circulaire de l'arc infiniment petit RMZ
(21. *Paraľole*) , & menons la perpendiculaire OB
ſur le diametre elliptique mCM , la circonférence
à laquelle appartient l'arc infiniment petit , paſſera par le ſommet B de l'angle droit OBM
appuyé ſur le diametre circulaire MO : ainſi BM
& RZ ſeront deux cordes , dans le cercle oſcu-
lateur , dont la premiere coupera la ſeconde en
deux parties égales (31.) ; & nommant y l'ordonnée RV , & x l'abſciſſe MV , la propriété du
cercle donnera $yy = $ BV $\times x$ ou BM $\times x$, à cauſe
de l'infiniment petit MV ; or faiſant CN $= h$,
CM $= g$, & par conſéquent mV $\times$ MV ou
mM $\times$ MV $= 2gx$, on aura , par la propriété
de l'ellipſe (30.) , $yy : 2gx :: hh : gg$; donc , en
ſubſtituant à yy ſa valeur circulaire , BM $\times$
$x : 2gx :: hh : gg$, & par conſéquent BM $= \frac{2hh}{g}$.

Maintenant comme MO perpendiculaire à

la tangente l'eſt auſſi au diametre conjugué C N, les triangles rectangles ſemblables C M S, O M B donnent SM : BM :: CM : OM, & faiſant S M $= q$, on a, en ſubſti-tuant les autres expreſſions, $q : \dfrac{2hh}{g} :: g : \text{OM}$

$= \dfrac{2hh}{q}$; donc le rayon de courbure $\dfrac{\text{OM}}{2} = \dfrac{hh}{q}$.

Corollaire I.

CN $\times$ CG ou (conſtr.) CN $\times$ SM $= hq =$ ab (26) : donc $h = \dfrac{ab}{q}$ & $h^2 = \dfrac{a^2 b^2}{q^2}$; ſubſtituant

cette valeur de h^2, on a le rayon $\dfrac{\text{OM}}{2} = \dfrac{a^2 b^2}{q^3}$.

Corollaire II.

MQ $\times$ SM ou MQ $\times$ CG $= bb$ (19) : donc en faiſant la normale MQ $= n$ & toujours SM $= q$, on a $nq = bb$: par conſéquent $q = \dfrac{bb}{n}$ & $q^3 = \dfrac{b^6}{n^3}$; ſubſtituant cette valeur de q^3 dans la der-niere valeur du rayon, on a $\dfrac{\text{OM}}{2} = \dfrac{a^2 n^3}{b^4}$.

Corollaire III.

CG : FD (*fig.* 12.) :: CT : FT :: $\dfrac{aa}{x} : \dfrac{aa - cx}{x}$

:: $aa : aa - cx$ :: $a : \dfrac{aa - cx}{a} = $ FM (14); donc CG : FD :: a : FM; & faiſant FD $= t$, FM

D 4

$= r$ & toujours CG ou SM (*fig.* 14.) $= q$, on a, $q : t :: a : r$, & par conféquent $q^3 = \frac{a^3 t^3}{r^3}$; fubftituant encore cette valeur de q^3 dans celle du rayon courbure , Corollaire premier , on a $\frac{OM}{2} = \frac{b^2 r^3}{a t^3}$.

Ainfi , à caufe des conftantes a & b , les rayons de courbure , pour les différents arcs de l'ellipfe , font entr'eux en raifon inverfe des cubes des normales prolongées jufqu'au diametre conjugué (*Cor.* 1.) ; comme les cubes des normales (*Cor.* 2.) , & comme les cubes des rayons vecteurs divifés par les cubes des perpendiculaires abaiffées du foyer fur les tangentes (*Cor.* 3.).

Nous allons voir maintenant (*fig.* 15.) qu'une fection SMNT oblique à la bafe du cône , & terminée à deux apothemes oppofés (en fuppofant le cône prolongé , s'il le faut) , a la propriété caractériftique de l'ellipfe.

THÉORÊME.

Dans la fection SMNT les quarrés des ordonnées font proportionnels aux rectangles des abfciffes.

Démonst. En fuppofant la fection coupée par deux cercles DNG , HMQ , on trouvera , comme on l'a remarqué pour la fection parabolique , que les interfections ON , PM de ces plans font des ordonnées à l'axe ST , & aux diametres circulaires DG , HQ.

Cela posé, les triangles semblables OSG, PSQ donnent OG : PQ :: OS : PS ; & à cause des semblables D O T, H P T, D O : HP :: OT : PT ; donc en multipliant par ordre, OG × DO : PQ × HP :: OS × OT : PS × PT; or, par la propriété du cercle, le premier terme de cette proportion est égal au quarré $\overline{ON}^2$, le second au quarré $\overline{PM}^2$, & les deux autres font les rectangles des abscisses correspondantes : donc, &c.

Remarque.

Dans un cône scalene, l'axe ST de la section SMNT pourroit faire, avec l'apothême AT, un angle ATS égal à l'angle ACB ou AGD, & alors la section feroit un cercle : car, dans cette hypothefe, les triangles G O S, D O T étant équiangles, on auroit OS : OD :: OG : OT ; donc OS × OT = OD × OG, & par conféquent OS × OT = $\overline{ON}^2$, équation qui ne convient qu'au cercle.

DE L'HYPERBOLE.

1. **U**NE droite A *a* (*fig.* 16.) &, fur les prolongemens de cette droite , deux points F & *f* également diftants de fes extrêmités A & *a* , étant
donnés ; fi la différence M *f* — MF des deux
diftances d'un point M aux points *f* & F eft égale
à la ligne A *a* , ce point appartient à l'hyperbole.

Or pour trouver de tels points on prendra un
rayon quelconque *a* H , mais plus grand que *a* F
ou A *f* , & d'un des points F , *f* , comme centre ,
on décrira un arc de cercle que l'on coupera enfuite , de l'autre point , par un autre arc , dont
le rayon AH fera l'excès du premier *a* H fur la
droite donnée A *a* , & le point M d'interfe(c)tion
fera à l'hyperbole ; car , par cette conftruction , on
aura M *f* — MF = *a* H — AH = A *a*.

Si après avoir trouvé un point M de l'hyperbole AM , en employant au centre *f* , le plus
grand rayon *a* H , & au centre F , le plus petit AH ,
on emploie enfuite les mêmes rayons dans un
ordre contraire , relativement aux mêmes centres ,
on trouvera un autre point *m* d'interfeion , qui
appartiendra à une autre hyperbole *a m* parfaitement égale à la premiere : confidérées enfemble
on les appelle *hyperboles oppofées.*

DÉFINITIONS.

La droite A *a* s'appelle *premier axe* ; ſes extrê-mités A & *a*, *ſommets* ; le *ſecond axe* eſt une perpendiculaire B*b*, au milieu C du premier, terminée, de part & d'autre, par un arc décrit d'un des ſommets A ou *a* & d'un rayon A B = C*f* ou CF ; le point d'interſection C des axes eſt le *centre* ; les points F, *f* ſont les *foyers*, & leur diſtance FC ou *f*C au centre s'appelle *excentri-cité* : une perpendiculaire M P au premier axe prolongé eſt une *ordonnée* à cet axe, & les diſ-tances P*a*, PA de cette ordonnée aux ſommets en ſont les *abſciſſes* : une perpendiculaire M X ſur le ſecond axe auſſi prolongé, s'il le faut, eſt une ordonnée à cet axe, & ſa diſtance CX au centre eſt ſon abſciſſe. M*f* & MF ſont des *rayons vecteurs*.

On déſignera algébriquement le premier axe par 2 *a*, le ſecond par 2 *b*, la diſtance F*f* des foyers par 2 *c*, une ordonnée M P au premier axe par *y*, & ſa diſtance CP au centre, ou ſa petite abſciſſe AP, par *x*.

THÉORÊME.

2. *Le ſecond demi-axe* b *eſt moyen proportionnel entre les deux diſtances* c + a *&* c — a *d'un des foyers aux ſommets* A *&* a.

DÉMONST. Dans le triangle rectangle ACB on

a (*Définit.*) $AB = CF = c$, $AC = a$ & $BC = b$:
donc $bb = cc - aa = \overline{c+a} \times \overline{c-a}$, & par conséquent $c + a : b :: b : c - a$.

3. Donc $aa - cc = - bb$.

THÉORÊME.

4. *Le quarré* y^2 *d'une ordonnée quelconque* MP
au premier axe est au rectangle $Pa \times PA$ *de ses
abscisses, comme le quarré* b^2 *du demi-second axe
est au quarré* a^2 *du demi-premier.*

DÉMONST. Ayant mené les rayons vecteurs
Mf, MF, dont la différence égale $2a$ (1), soit
leur somme $= 2z$, le plus grand Mf sera $z + a$,
& le plus petit MF $z - a$. Si l'on fait $CP = x$,
Pf sera $x + c$, & PF $x - c$; or le triangle rec-
tangle PMf donne $\overline{MP}^2 = \overline{Mf}^2 - \overline{Pf}^2$: donc yy
$= \overline{z+a}^2 - \overline{x+c}^2 = zz + 2az + aa - xx -$
$2cx - cc$. De même le triangle PMF donne $\overline{MP}^2$
$= \overline{MF}^2 - \overline{PF}^2$: donc $yy = \overline{z-a}^2 - \overline{x-c}^2 =$
$zz - 2az + aa - xx + 2cx - cc$; & par con-
séquent (a) $zz - 2az + aa - xx + 2cx - cc$
$= zz + 2az + aa - xx - 2cx - cc$; & en
réduisant & transposant, $4az = 4cx$ & $z = \dfrac{cx}{a}$.

(a) Comme on s'est attaché à démontrer, précisément de
la même maniere, les propositions correspondantes de l'hyperbole & de l'ellipse, il sera facile d'appliquer à l'une, ce
que l'on a mis en notes, pour l'intelligence de l'autre.

Subſtituant cette valeur à la place de z, dans une des valeurs de yy, par exemple, dans la derniere, on a $yy = \dfrac{ccxx}{aa} - 2cx + aa - xx$ $+ 2cx - cc$; puis réduiſant & mettant $- bb$ pour $aa - cc$ (3), $yy = \dfrac{ccxx}{aa} - bb - xx =$ $\dfrac{ccxx - aabb - aaxx}{aa}$; & enfin, ſubſtituant $bbxx$ à $ccxx - aaxx$ (2), $yy = \dfrac{bbxx - aabb}{aa} =$ $\dfrac{bb}{aa} \times \overline{xx - aa}$: donc $yy : xx - aa :: bb : aa$; or $xx - aa = \overline{x + a} \times \overline{x - a} = \mathrm{P}a \times \mathrm{PA}$ rectangle des abſciſſes de MP : donc le quarré, &c.

Remarque.

On peut déjà remarquer que l'hyperbole adopte les expreſſions de l'ellipſe, à cette différence près, qu'elle leur donne des ſignes contraires, lorſque les a ſont en concurrence avec les x ou les c: la raiſon en eſt que, dans cette courbe, le premier demi-axe CA $= a$ eſt plus petit que l'abſciſſe CP $= x$ & l'excentricité CF $= c$: ainſi les quantités $aa - xx$, $aa - cc$, poſitives pour l'ellipſe, ſont négatives pour l'hyperbole (3).

Corollaire I.

5. Il ſuit du rapport conſtant $:: bb : aa$, que les quarrés des ordonnées ſont entr'eux comme

les rectangles des abfciffes ; & par conféquent on
peut prouver ici , comme on l'a prouvé pour
l'ellipfe (*N°* 5. *de l'ellip.*) , que dans l'hyperbole
tout diametre *m*C M (*fig.* 17.) eft divifé , par le
centre , en deux parties égales.

Corollaire I I.

6. Si, au lieu du centre (*fig.* 16.), on prend le fommet A pour l'origine des *x*, en faifant la petite abfciffe
AP = *x*, l'autre abfciffe *a*P fera 2*a* + *x*, & leur
rectangle, 2*ax* + *xx* ; par conféquent l'équation,
dans cette hypothefe , eft $yy = \dfrac{bb}{aa} \times \overline{2ax + xx}$.

Corollaire I I I.

De $yy = \dfrac{bb}{aa} \times \overline{xx - aa}$, ou = &c. On conclut, en extrayant, $y = \pm \dfrac{b}{a} \sqrt{\overline{xx - aa}}$: donc
chaque ordonnée a deux valeurs égales & oppo-
fées ; ce qui donne à l'hyperbole une égale étendue de chaque côté.

Corollaire I V.

Si l'on fuppofoit *x* = *a*, c'eft-à-dire , CP =
CA, l'équation $y = \pm \dfrac{b}{a} \sqrt{\overline{xx - aa}}$ deviendroit
$y = \pm \dfrac{b}{a} \sqrt{\overline{aa - aa}} = 0$; & fi l'on prenoit *x* < *a*,
de forte que l'on eût , par exemple , *xx* = *aa* —

dd, l'on auroit $y = \pm \dfrac{b}{a} \sqrt{aa - dd - aa} = \pm \dfrac{b}{a}$ $\sqrt{-dd}$ grandeur imaginaire : donc l'hyperbole ne s'étend pas, du côté du centre, au-delà du sommet. Il faut dire la même chose de l'hyperbole opposée, puisque ses points se déterminent par les mêmes ouvertures de compas (1). D'ailleurs l'équation de la premiere convient aussi à ses x négatives, car $- x \times - x = xx$.

Corollaire V.

Quand les axes de l'hyperbole font inégaux, quel que soit le plus grand des deux, elle s'appelle fcalene, & quand ils font égaux, équilatere : or, dans la derniere hypothefe, à caufe de $\dfrac{bb}{aa} = 1$, l'équation devient $yy = xx - aa$ ou $2ax + xx$.

Corollaire VI.

Si l'on avoit $xx = 2aa$, c'eft-à-dire, fi l'on prenoit une abfciffe C P égale à l'hypothénufe d'un triangle rectangle ifocele, dont chaque côté de l'angle droit fût égal au demi-premier axe, l'ordonnée correfpondante feroit égale au demi-fecond axe ; car alors l'équation deviendroit $y = \pm \dfrac{b}{a} \sqrt{2aa - aa} = + b$; or, connoiffant les axes, on peut trouver les foyers, puifque AB $=$ CF (1), &c.

DÉFINITION.

7. Une troisieme proportionnelle au premier & au second axe s'appelle *parametre* du premier axe; or ce parametre $p = \dfrac{2bb}{a}$, car $2a \; : \; 2b \; :: \; 2b \; : \; \dfrac{2bb}{a}$. Celui du second axe seroit une troisieme proportionnelle au second axe & au premier.

Corollaire I.

La double ordonnée, qui passe par un foyér, est égale au parametre; car les abscisses de cette ordonnée sont $c + a$ & $c - a$, dont le rectangle est $cc - aa = bb$ (2); or, en substituant bb à $xx - aa$, l'équation $yy = \dfrac{bb}{aa} \times \overline{xx - aa}$ devient $yy = \dfrac{bb}{aa} \times bb = \dfrac{b^4}{aa}$: donc $y = \dfrac{bb}{a}$, & $2y = \dfrac{2bb}{a} = p$.

Corollaire II.

Puisque $p = \dfrac{2bb}{a}$, on a $\dfrac{p}{4} = \dfrac{bb}{2a} = \dfrac{\overline{c + a} \times \overline{c - a}}{2a}$ (2): donc $\dfrac{p}{4} : c - a :: c + a : 2a$; mais $\overline{c + a} > 2a$: donc aussi $\dfrac{p}{4} > \overline{c - a}$; c'est-à-dire que le parametre p est plus que quadruple de la distance $c - a$ d'un foyer au plus proche sommet.

Corollaire

Corollaire III.

Puisque $p = \frac{2bb}{a}$, on a $\frac{p}{2} = \frac{bb}{a}$: donc l'équation $yy = \frac{bb}{aa} \times \overline{xx - aa}\,(4)$ ou $= \frac{bb}{aa} \times \overline{2ax + xx}\,(6)$, peut s'exprimer ainsi : $yy = \frac{p}{2a} \times \overline{xx - aa}$ ou $= \frac{p}{2a} \times \overline{2ax + xx}$, & fous cette expreſſion, elle s'appelle équation au parametre.

Corollaire IV.

L'équation au parametre, dans laquelle A P $= x$, eſt $yy = \frac{p}{2a} \times \overline{2ax + xx} = px + \frac{pxx}{2a}$: donc le quarré yy de l'ordonnée eſt plus grand que le rectangle px de la petite abſciſſe AP par le parametre. C'eſt de cet excès que l'hyperbole a tiré ſon nom.

Théorême.

Le quarré d'une ordonnée MX, au ſecond axe, eſt au quarré de ſon abſciſſe CX plus le quarré bb du demi-ſecond axe :: aa : bb.

Démonst. De l'équation $yy = \frac{bbxx - aabb}{aa}\,(4)$, on déduit $bbxx = aayy + aabb$, donc $xx : yy + bb :: aa : bb$; or x eſt l'ordonnée MX $= $ CP, & y eſt ſon abſciſſe CX $=$ MP : donc, &c. Ainſi, dans l'hyperbole, l'équation

E

au fecond axe, n'eft pas, comme dans l'ellipfe, femblable à celle du premier axe.

Corollaire.

10. On trouvera, en extrayant, que l'ordonnée MX = x a deux valeurs égales, l'une pofitive & l'autre négative : par conféquent, à chaque point du fecond axe, s'élèvent auffi deux ordonnées égales & oppofées mX, MX, qui en écartent également, & toujours de plus en plus, les branches correfpondantes des hyperboles oppofées.

PROBLÊME.

8. *Mener une tangente à un point quelconque* M *de l'hyperbole.*

SOLUT. Ayant mené les rayons vecteurs MF, Mf, prenez, fur celui-ci, une portion MO égale à l'autre rayon MF, & tirez la droite FO, la perpendiculaire MD fur FO fera tangente au point M, c'eft-à-dire qu'aucun autre point S de MD n'appartiendra à l'hyperbole : car, le triangle FMO étant ifocele, par conftruction, le point S de la perpendiculaire MD eft auffi diftant de F que de O ; ainfi la droite SO exprime la diftance de ce point au foyer F : d'ailleurs la droite Sf eft évidemment la diftance du même point S à l'autre foyer F ; or l'excès de la diftance Sf, fur la diftance SO, n'eft pas égal au premier axe Aa = Of (*Conftr.*) ; puifque Sf < $\overline{SO + Of}$: donc le point S de MD n'appartient pas à la courbe (1).

Corollaire.

9. Les angles D M f, D M F font égaux, par conſtruction ; & à cauſe des oppoſés au ſommet D M f, Z M K, les angles Z M K, D M F le ſont auſſi : donc les rayons vecteurs, & leurs prolongemens, font des angles égaux avec la tagente.

P R O B L Ê M E.

10. *Trouver les expreſſions des rayons vecteurs.*

SOLUT. En cherchant l'équation au premier axe (4), on a fait la ſomme des deux rayons vecteurs $= 2\zeta$, & l'on a trouvé $\zeta = \dfrac{cx}{a}$; or leur différence $= 2a$ (1) ; donc le plus grand rayon M f $= \zeta + a = \dfrac{cx}{a} + a = \dfrac{cx + aa}{a}$, & le plus petit MF $= \zeta - a = \dfrac{cx}{a} - a = \dfrac{cx - aa}{a}$.

P R O B L Ê M E.

11. *Trouver l'expreſſion de la ſous-normale* PQ.

SOLUT. FO perpendiculaire à la tangente MT (8) eſt parallele à la normale MQ ; ainſi les triangles ſemblables fQM, fFO donnent fQ : fF :: fM : fO, & avec les expreſſions, fQ : 2c :: $\dfrac{cx}{a} + a$ (10) : 2a (a), & *ſubſtrahendo*, après

---

(a) Parce qu'ayant pris MO $=$ MF (8), la différence fO des rayons vecteurs $=$ A a $=$ 2 a (1).

avoir divifé les conféquents par 2, $fQ - c : c$
$:: \dfrac{cx}{a} : a$; donc $fQ - c$ ou $CQ = \dfrac{ccx}{aa}$, & de CQ
retranchant $CP = x = \dfrac{aax}{aa}$, il refte $\dfrac{ccx - aax}{aa} =$
$\dfrac{bbx}{aa}$ (2) pour la fous-normale P Q.

On emploiera, au N° 18, l'expreffion de C Q
$= \dfrac{ccx}{aa}$.

Corollaire.

De $PQ = \dfrac{bbx}{aa}$ on déduit $PQ : \dfrac{bb}{a} :: x : a$;
mais dans l'hyperbole $x > a$: donc $PQ > \dfrac{bb}{a}$
ou $\dfrac{p}{2}$ (7). Ainfi la fous-normale eft plus grande
que la moitié du parametre.

PROBLÊME.

12. *Trouver l'expreffion de la fous-tangente* PT.

SOLUT. Dans le triangle rectangle QMT, l'ordonnée M P eft une perpendiculaire abaiffée, du
fommet de l'angle droit, fur l'hypothénufe QT :
par conféquent $PT = \dfrac{\overline{MP}^2}{PQ}$; or $\overline{MP}^2 = \dfrac{bbxx - aabb}{aa}$ (4),
& $PQ = \dfrac{bbx}{aa}$ (11) ; & pour divifer, l'une par
l'autre, deux fractions de même dénomination,
il fuffit d'opérer fur les numérateurs : donc P T
$= \dfrac{bbxx - aabb}{bbx} = \dfrac{xx - aa}{x}$.

Corollaire I.

De $PT = \dfrac{xx - aa}{x}$ on déduit $PT : x - a ::$
$x + a : x$; or $\overline{x + a} < x \times 2$, à cause de $a < x$:
donc $PT < \overline{x - a} \times 2$; c'est-à-dire que la fous-
tangente n'eft pas double de la petite abfciffe PA
$= x - a$.

Corollaire II.

$\dfrac{xx - aa}{x} \times x = xx - aa$: donc $PT \times PC =$
$Pa \times PA$ rectangle des abfciffes de l'ordonnée
MP (4).

Corollaire III.

13. En retranchant $PT = \dfrac{xx - aa}{x}$ de $CP = x$
$= \dfrac{xx}{x}$, il refte $CT = \dfrac{aa}{x}$: donc $x : a :: a : CT$,
c'eft-à-dire , $CP : CA :: CA : CT$; ainfi, pour
mener une tangente à un point M, on abaiffera
l'ordonnée MP, & une troifieme proportionnelle
à CP & à CA portée, depuis le centre, fur l'axe,
déterminera le point T où doit aboutir la tangente au point M.

Corollaire IV.

14. La fous-tangente $PT = \dfrac{xx - aa}{x} = x -$
$\dfrac{aa}{x}$ eft plus petite que $PC = x$: donc la tangente

rencontre l'axe entre le fommet A & le centre C :
mais fi CP $= x$ devenoit infinie , & par conféquent fi la tangente partoit de l'extrêmité infinie
de la branche AM ; alors $\dfrac{aa}{x}$ ne feroit plus qu'un
infiniment petit , & l'on auroit $x - \dfrac{aa}{x} = x$,
c'eft-à-dire , PT $=$ PC : donc une tangente à l'extrêmité d'une branche infinie pafferoit par le
centre.

Or cette tangente s'appelle *Afymptote*, & fi
l'on mene au fommet A une perpendiculaire à
l'axe , elle en intercepte une portion AS $=$ CB
$= b$; car puifqu'elle paffe par le centre , le
fommet T des triangles femblables PTM, ATS
fe place en C , PT devient PC $= x$, & AT
devient AC $= a$; ainfi l'on a PC : AC ::
MP : AS, & algébriquement $x : a :: \dfrac{b}{a} \sqrt{xx - aa}$
: AS $= \dfrac{b}{x} \sqrt{xx - aa}$; mais on doit fupprimer aa,
vis-à-vis de xx que l'on fuppofe ici infiniment
grand : donc AS $= \dfrac{b}{x} \sqrt{xx} = b$

PROBLÊME.

15. *Trouver l'expreffion de la diftance* CN *du
centre à la tangente , fur le fecond axe.*

SOLUT. De l'équation $yy = \dfrac{bbxx - aabb}{aa}$ (4), on

déduit $\frac{aayy}{bb} = xx - aa$, & par conséquent $\frac{aayy}{bbx}$

$= \frac{xx - aa}{x} =$ PT (12). Cela posé, les triangles semblables MPT, NCT donnent PT : CT :: MP : CN, & algébriquement $\frac{aayy}{bbx} : \frac{aa}{x}$ (13) :: y : CN. Donc, en divisant les deux premiers termes par $\frac{aa}{x}$, & les antécédents par y, $\frac{y}{bb} : 1 :: 1 :$ CN $= \frac{bb}{y}$.

D'où l'on déduit $y : b :: b :$ CN, c'est-à-dire, MP ou CX : BC :: BC : CN, proportion qui fournit une méthode semblable à celle du N° 13, de mener une tangente à un point M.

Corollaire I.

16. Donc CN × MP ou $\frac{bb}{y} \times y = bb$.

Corollaire II.

Si à CN $= \frac{bb}{y}$ on ajoute CX = MP = $y = \frac{yy}{y}$, on aura $\frac{bb + yy}{y}$, pour la sous-tangente NX sur le second axe.

Théorème.

17. *Le rectangle, sous la normale* MQ *& la perpendiculaire* CG *menée du centre sur la tangente, est égal au quarré* bb *du demi-second axe.*

Démonst. Les triangles rectangles MPQ, CGN font femblables, parce que l'angle aigu M de l'un a fes côtés parallèles à ceux de l'angle aigu C de l'autre : donc MP : CG :: MQ : CN ; or CN × MP = bb (16) : donc auffi MQ × CG = bb.

THÉORÊME.

Le rectangle, fous les perpendiculaires AS, aY *élevées fur le premier axe, des fommets jufqu'à la tangente, eft égal au quarré* bb.

Démonst. CN × MP = bb (16) ; or MP : AS :: aY : CN ; ou, en prenant les côtés correfpondants à ces bafes parallèles, PT : AT :: aT : CT ; car algébriquement $\dfrac{xx-aa}{x} : \dfrac{ax-aa}{x} :: \dfrac{ax+aa}{x}$

$: \dfrac{aa}{x}$.

THÉORÊME.

18. *Le rectangle, fous les perpendiculaires* FD, fI *menées des foyers fur la tangente, eft égal au quarré* bb.

Démonst. MQ × CG = bb (17) ; or MQ : FD :: fI : CG ; ou, en prenant les côtés correfpondants à ces bafes parallèles, QT : FT :: fT : CT ; car algébriquement (11) $\dfrac{ccx}{aa} - \dfrac{aa}{x}$

$: \dfrac{cx-aa}{x} :: \dfrac{cx+aa}{x} : \dfrac{aa}{x}$, & multipliant tout par

$x, \dfrac{ccxx}{aa} - aa : cx - aa :: cx + aa : aa.$

Théorême.

19. *La perpendiculaire* FD *, abaissée du foyer sur la tangente , croît moins que la racine quarrée du rayon vecteur* FM.

Démonst. Les triangles rectangles FMD , fMI font semblables , à cause des angles égaux que les rayons vecteurs font avec la tangente (9) , ainsi FD : fI :: FM : fM ; & parce que fI$=\dfrac{bb}{\mathrm{FD}}$ (18), on a , en substituant & multipliant les deux premiers termes par FD , $\overline{\mathrm{FD}}^2$: bb :: FM : fM ; donc $\overline{\mathrm{FD}}^2=\dfrac{\mathrm{FM}}{f\mathrm{M}}\times bb$, & par conséquent , à cause de la constante bb , $\overline{\mathrm{FD}}^2$ est proportionnelle à $\dfrac{\mathrm{FM}}{f\mathrm{M}}$; mais cette fraction croît moins que son numérateur FM , puisque dans l'hyperbole , fM & FM croissent également (*a*) : donc $\overline{\mathrm{FD}}^2$ croît aussi moins que FM , & FD moins que $\sqrt{\overline{\mathrm{FM}}}$.

Théorême.

La portion MK (*fig.* 17.) *du rayon vecteur , comprise entre le point de contact & une droite* CK *menée,*

(*a*) En effet , si l'on augmente également les termes d'une fraction , le quotient de la nouvelle fraction divisée par la première , ne sera , au quotient du nouveau numérateur divisé par le premier , que comme le dénominateur de la première fraction , au dénominateur de l'autre.

par le centre , parallelement à la tangente , est égale
au demi-premier axe a.

DÉMONST. Puisque CK est parallele à la tangente MT , on a FT : FM :: CT : MK ; & algé-
briquement $\frac{cx + aa}{x} : \frac{cx + aa}{a}$ (10) :: $\frac{aa}{x}$: MK $= a$.

DÉFINITIONS.

20. Une droite mCM menée par le centre ,
& terminée en m & M par les hyperboles opposées, est un diametre. Ayant, à l'origine M de
ce diametre , une tangente MT & une ordonnée
MP , on prendra sur l'axe , depuis le centre , une
portion CD moyenne proportionnelle entre les
abscisses de MP ; on élevera à l'axe , au point D ,
une perpendiculaire indéfinie DN , & on menera ,
par le centre & parallelement à la tangente ,
une droite CN jusqu'à la rencontre N de la perpendiculaire DN ; cette droite CN , plus son
prolongement égal Cn de l'autre côté de l'axe ,
sera le diametre conjugué du premier m CM.

Corollaire I.

Donc $\overline{CD}^2 = Pa \times PA$ ou $\overline{x + a} \times \overline{x - a} =$
$xx - aa$, & CD $= \sqrt{xx - aa}$.

Corollaire II.

21. L'expression de la perpendiculaire DN est

$\frac{bx}{a}$; car les triangles femblables (*a*) PTM, DCN donnent PT : PM :: CD : DN , & avec les expreffions , $\frac{xx-aa}{x} : \frac{b}{a}\sqrt{xx-aa} :: \sqrt{xx-aa}$ (*Cor.* 1) : DN $= \frac{bx}{a}$.

THÉORÊME.

22. *Les triangles* CPM & CDN *font égaux.*

DÉMONST. CD : CP :: MP : DN ; car algébriquement $\sqrt{xx-aa} : x :: \frac{b}{a}\sqrt{xx-aa} : \frac{bx}{a}$;
donc les triangles CPM & CDN , dont les bafes font en raifon inverfe des hauteurs , font égaux.

THÉORÊME.

23. *Le parallélogramme des diametres conjugués eft égal au rectangle des axes.*

DÉMONST. Le parallélogramme M*n* des demi-diametres conjugués C M , C*n* , eft évidemment égal au produit de C*n* ou CN par la perpendiculaire C G abaiffée du centre fur la tangente ; or les triangles rectangles CDN , CGT étant femblables , à caufe de C N parallele à MTG (20) , on a CN : DN :: CT : CG , ou CN : $\frac{bx}{a}$ (21)

_____

(*a*) Les côtés de l'un font paralleles aux côtés de l'autre (20).

$:: \frac{aa}{x} :$ CG ; donc CN × CG $= ab$, & par con-

féquent le parallélogramme, &c.

Remarquè.

La fomme $\overline{CM}^2 + \overline{CN}^2$, des quarrés des demi-diametres conjugués , n'eft pas dans l'hyperbole , comme dan¢ l'ellipfe , égale à la fomme $aa + bb$ des quarrés des demi - axes ; mais on a toujours $\overline{CM}^2 - \overline{CN}^2 = aa - bb$; de forte que fi $b = a$, on a auffi CN $=$ CM : car , par la propriété du triangle rectangle , $\overline{CM}^2 = \overline{CP}^2 + \overline{MP}^2 = xx +$ $\frac{bbxx - aabb}{aa}$, & $\overline{CN}^2 = \overline{CD}^2 + \overline{DN}^2 = xx - aa$ (20) $+ \frac{bbxx}{aa}$ (21) ; or en fouftrayant les deux dernieres expreffions des deux premieres , il refte $aa - bb$.

THÉORÊME.

Le quarré $\overline{CN}^2$ du demi-diametre conjugué CN eft égal au reclangle fous la tangente MT comprife entre le point de contact & le premier axe , & la même tangente Mt comprife entre le point de con-tact & le fecond axe.

DÉMONST. Les triangles femblables PTM ; DCN donnent $\overline{MT}^2 : \overline{CN}^2 ::$ PTM : DCN $::$ PTM : CPM (22) $::$ PT : PC $::$ (a) MT : Mt ;

(a) Parce que les droites PC & Mt , fe coupant entre les paralleles MP & Ct , font proportionnelles à leurs parties PT & MT.

donc $\overline{MT}^2 : \overline{CN}^2 :: MT : Mt$, & par conféquent $\overline{CN}^2 = MT \times Mt$.

Corollaire I.

Donc la partie MI du premier diametre mCM , comprife entre le point de contact & l'arc concave de la circonférence décrite fur Tt, eft une troifieme proportionnelle aux demi-diametres conjugués CM & CN; car , comme cette circonférence paffe par le centre , à caufe de l'angle droit TCt, on a (*a*) CM : MT :: Mt : MI , & par conféquent CM $\times$ MI $=$ MT $\times$ Mt ; mais MT $\times$ Mt $= \overline{CN}^2$ (*Théor.*) : donc CM $\times$ MI $= \overline{CN}^2$, & par conféquent CM : CN :: CN : MI.

Corollaire I I.

Donc la différence CI de la troifieme proportionnelle MI au demi-premier diametre CM , eft toujours une corde dans le cercle qui , ayant fon centre fur la tangente Tt, paffe par les points T & t où les axes rencontrent la tangente.

Corollaire I I I.

Ainfi pour décrire l'hyperbole dont on connoîtra deux demi-diametres conjugués CM , CN

(*a*) Les fécantes extérieures Mt, MI font entr'elles réciproquement comme leurs parties MT , MC hors du cercle.

& leur angle MCN, on portera leur troisieme proportionnelle MI fur le premier CM; on menera par M une droite indéfinie MT*t* parallele à CN; on élevera, au milieu de CI, une perpendiculaire jufqu'à la droite MT*t*, & la circonférence décrite du point de rencontre, & par le fommet C de l'angle MCN, coupera l'indéfinie aux points T & *t* où les axes doivent la rencontrer; c'eft pourquoi menant les droites TC, *t*C, & du point M, fur celles-ci prolongées, les perpendiculaires MP, MX, une moyenne proportionnelle CA entre CP & CT (13), & une autre C*b* entre CX = MP & C*t* (15) détermineront la grandeur des demi-axes, &c.

On doit donclure que, fi les demi-diametres donnés CM, CN, étoient égaux, ce feroit du fommet C de leur angle MCN, qu'il faudroit mener, fur MT*t*, la perpendiculaire qui, par fa rencontre, y fixe le centre du cercle dont dépend la defcription de la courbe.

THÉORÊME.

24. *Les trois triangles* CTM, CAZ, CNQ *font égaux.*

DÉMONST. 1° CAZ = CTM; car $\overline{CP}^2 : \overline{CA}^2 :: CP : CT$ (13); donc CPM : CAZ :: CPM : CTM, & par conféquent CAZ = CTM.

2° CNQ = CTM; car $xx : xx - aa ::$

$x : \dfrac{xx - aa}{x}$; donc $\overline{CP}^2 : \overline{CD}^2$ (20) $:: CP : PT$ (12) ;

donc $CPM : CDQ :: CPM : PTM$, & par conféquent $CDQ = PTM$, & en les retranchant
des triangles égaux CDN & CPM (22), il refte
$CNQ = CTM$.

DÉFINITION.

Une droite RV menée parallelement à la tangente MT, d'un point quelconque R de la courbe,
au diametre MC*m* prolongé, eft une ordonnée à
ce diametre : V*m* & VM font les abfciffes.

THÉORÊME.

25. *Le triangle rectangle RSH, dont l'hypothénufe RS eft une ordonnée RV au diametre prolongée
jufqu'à l'axe, eft égal au trapeze EMTH.*

DÉMONST. $RSH : MTP :: \overline{RH}^2 : \overline{MP}^2 ::$
$\overline{CH}^2 - \overline{CA}^2 : \overline{CP}^2 - \overline{CA}^2$ (5) $:: CHE - CAZ$
$: CPM - CAZ :: CHE - CTM$ (24)
$: \overline{CPM - CTM} = MTP$; donc $RSH : MTP ::$
$CHE - CTM : MTP$, & par conféquent RSH
$= CHE - CTM = EMTH$.

Corollaire.

26. En fouftrayant le trapeze EVSH commun
aux deux furfaces égales RSH, EMTH, il refte
le triangle RVE égal au trapeze $SVMT = CSV$
$- CTM$; or $CSV - CTM : CTM ::$

$\overline{CV}^2 - \overline{CM}^2 : \overline{CM}^2$; donc $RVE : CTM ::$
$\overline{CV}^2 - \overline{CM}^2 : \overline{CM}^2$.

THÉORÊME.

27. *Le quarré* $\overline{RV}^2$ *de l'ordonnée au diametre*
MCm *est au rectangle* $\overline{CV}^2 - \overline{CM}^2$ *de ses abscisses,*
comme le quarré $\overline{CN}^2$ *du demi-diametre conjugué est*
au quarré $\overline{CM}^2$ *du demi-premier.*

DÉMONST. Les triangles semblables RVE,
CNQ donnent $RVE : CNQ = CTM$ (24) $::$
$\overline{RV}^2 : \overline{CN}^2$; or (26) $RVE : CTM :: \overline{CV}^2 - \overline{CM}^2$
$: \overline{CM}^2$; donc $\overline{RV}^2 : \overline{CN}^2 :: \overline{CV}^2 - \overline{CM}^2 : \overline{CM}^2$,
& *alternando* , $\overline{RV}^2 : \overline{CV}^2 - \overline{CM}^2 :: \overline{CN}^2 : \overline{CM}^2$.
Donc , &c (*a*).

Corollaire I.

Il suit du rapport constant $:: \overline{CN}^2 : \overline{CM}^2$,
que les quarrés des ordonnées à un diametre sont
proportionnels aux rectangles des abscisses.

Corollaire II.

28. Le quarré $\overline{RV}^2$ ayant deux racines $R\overset{\vee}{V}$ &
YV égales & opposées , le diametre coupe en
deux également toute corde RY parallele à la tan-

(*a*) Pour démontrer analytiquement la même proposition ,
on meneroit les perpendiculaires VL , VU , l'une au premier axe & l'autre à l'ordonnée RH , & l'on procéderoit précisément comme on a fait pour l'ellipse au N° 30. A.

gente :

gente : ainsi une droite menée par le milieu de deux cordes paralleles sera un diametre, & le milieu C de son prolongement M*m*, jusqu'à l'hyperbole opposée, sera le centre ; d'où décrivant un arc circulaire qui coupe une des hyperboles, la ligne qui passera par le milieu de cet arc & par le centre sera le premier axe ; on déterminera le second, selon la méthode indiquée au Corol. 6 du Théorême, N° 4.

P R O B L Ê M E.

Déterminer le rayon de courbure.

Solut. Supposons que MO prise sur la normale M *q* prolongée, si l'on veut, soit le diametre circulaire de l'arc infiniment petit RMY, & menons la perpendiculaire OB sur le diametre hyperbolique MB ; la circonférence, à laquelle appartient l'arc infiniment petit, passera par le sommet B de l'angle droit OBM appuyé sur le diametre circulaire MO : ainsi BM & RY seront deux cordes, dans le cercle osculateur, dont la premiere coupera la seconde en deux parties égales (28) ; & nommant y l'ordonnée RV, & x l'abscisse MV, la propriété du cercle donnera $yy = BV \times x$ ou BM $\times x$, à cause de l'infiniment petit MV ; or, faisant CN = h, CM = g, & par conséquent MV $\times$ *m*V ou MV $\times$ *m*M = $2gx$, on aura, par la propriété de l'hyperbole (27), $yy : 2gx :: hh : gg$; donc en substituant à yy sa

F

valeur circulaire, $EM \times x : 2gx :: hh : gg$; & par conféquent $BM = \dfrac{2hh}{g}$.

Maintenant, les triangles rectangles OBM, MGC, dont l'angle aigu M de l'un a fes côtés paralleles à ceux de l'angle aigu C de l'autre, étant femblables, on a $CG : BM :: CM : OM$; & faifant $CG = q$ & fubftituant les autres expreffions, $q : \dfrac{2hh}{g} :: g : OM = \dfrac{2hh}{q}$ diametre de courbure : donc le rayon $\dfrac{OM}{2} = \dfrac{hh}{q}$.

Corollaire I.

$CN \times CG$ ou, avec les expreffions, $hq = ab\,(23)$: donc $h = \dfrac{ab}{q}$, & $hh = \dfrac{a^2 b^2}{q^2}$; fubftituant cette valeur de hh, on a le rayon $\dfrac{OM}{2} = \dfrac{a^2 b^2}{q^3}$.

Corollaire II.

$Mq \times CG = bb\,(17)$: donc en faifant la normale $Mq = n$, & toujours $CG = q$, on a $nq = bb$, & par conféquent $q = \dfrac{bb}{n}$, & $q^3 = \dfrac{b^6}{n^3}$; fubftituant cette valeur de q^3 dans la derniere valeur du rayon, on a $\dfrac{OM}{2} = \dfrac{a^2 n^3}{b^4}$.

Corollaire III.

$CG : FD :: CT : FT$ (*fig.* 16.) $:: \dfrac{aa}{x}$

$: \dfrac{cx - aa}{x} :: aa : cx - aa :: a : \dfrac{cx - aa}{a} =$

FM (10) ; donc $CG : FD :: a : FM$; & faifant $FD = t$, $FM = r$ & toujours $CG = q$, on a,

$q : t :: a : r$, & par conféquent $q^3 = \dfrac{a^3 t^3}{r^3}$;

fubftituant encore cette valeur de q^3 dans celle du rayon de courbure, Corollaire premier, on a,

$\dfrac{OM}{2} = \dfrac{b^2 r^3}{at^3}.$

Ainfi, à caufe des conftantes a & b, les rayons de courbure, pour les différents arcs de l'hyperbole, font entr'eux, en raifon inverfe des cubes des normales prolongées & comprifes entre le point de contact & le diametre conjugué (*a*) (*Cor.* 1.); comme les cubes des normales (*Cor.* 2.), & comme les cubes des rayons vecteurs divifés par les cubes des perpendiculaires abaiffées du foyer fur les tangentes. (*Cor.* 3.).

(*a*) Car (*fig.* 17.) fi l'on prolongeoit la normale M*q* jufqu'au diametre conjugué C*n*, fon prolongement feroit égal à la perpendiculaire $CG = q$ abaiffée du centre fur la tangente. C'eft ainfi que, dans l'ellipfe, $MS = CG$ (*fig.* 14.).

THÉORÈME.

Dans la section SNM oblique à l'apothême AB, & qui ne doit pas sortir du cône (fig. 20.), les quarrés des ordonnées sont proportionnels aux rectangles des abscisses.

DÉMONST. Le plan qui fait la section SNM oblique à l'apothême AB, coupera nécessairement cet apothême à quelque point T, en entrant dans le cône opposé; or PS & PT sont les abscisses de l'ordonnée PM, & OS & OT sont celles de l'ordonnée ON. Cela posé, les triangles semblables BPT, DOT donnent LP : DO :: PT : OT, & les semblables CPS, GOS donnent CP : GO :: PS : OS; donc, en multipliant par ordre, on a, BP × CP : DO × GO :: PT × PS : OT × CS; or, par la propriété du cercle, le premier terme de cette proportion est égal au quarré $\overline{PM}^2$, le second au quarré $\overline{ON}^2$, & les deux autres sont les rectangles des abscisses correspondantes : donc, &c.

DES ASYMPTOTES DE L'HYPERBOLE.

DÉFINITIONS.

29. L'asymptote d'une courbe est une ligne droite qui s'approche toujours de la courbe , sans jamais la rencontrer : les droites indéfinies CS, CG (*fig.* 18) menées , du centre , par les extrémités d'une tangente GAS au sommet A , égale au second axe , & divisée par le premier en deux parties égales (14) , sont les asymptotes de l'hyperbole.

THÉORÊME.

30. *La droite* MN *menée du point de contact* M , *parallelement à l'asymptote* CS , *passe par l'extrémité* N *du diametre conjugué* nCN.

DÉMONST. En prolongeant l'ordonnée PM jusqu'à la rencontre L de l'asymptote CS, les triangles semblables CAS, CPL donnent CA : AS :: CP : PL, ou , à cause de AS $=$ CB $= b$ (29), $a : b :: x : $ PL $= \dfrac{bx}{a}$. Les triangles PLC, PMO étant aussi semblables, à cause de MN supposée parallele à CL , on a , PL : PM :: CP : OP, ou $\dfrac{bx}{a} : \dfrac{b}{a} \sqrt{xx - aa} :: x : $ OP $= \sqrt{xx - aa}$; or , en prenant sur MN , depuis le premier axe , une portion ON $=$ CL , & abaissant sur le même

F 3

axe la perpendiculaire ND , les triangles ODN
& CPL parfaitement égaux , par cette conftruction , donnent OD = CP , & par conféquent, à
caufe de la partie commune CO , CD = OP =
$\sqrt{xx - aa}$; les mêmes triangles donnent auffi
DN = PL = $\frac{bx}{a}$: & l'on a vu (20 & 21) que
ces expreffions , $\sqrt{xx - aa}$ pour CD, & $\frac{bx}{a}$ pour
DN , déterminoient les côtés du triangle rectan-
gle CDN , qui a pour hypothénufe le demi-diametre conjugué CN : donc la droite MN &c.

Corollaire.

Puifque le diametre conjugué CN aboutit à
l'extrêmité N de la portion ON = CL , on peut
déterminer , par le moyen des afymptotes , la
pofition & la grandeur du diametre conjugué
corre'podant à un point M , & mener une tangente à ce point (20).

THÉORÊME.

31. *La parallele* MN *prife depuis le point de
contact* M , *jufqu'au diametre* CN , *eft coupée en
deux parties égales par l'afymptote oppofée* CG.

DÉMONST. A caufe des paralleles égales AS &
CB , la diagonale AB du rectangle ACBG fous
les demi-axes , eft parallele à l'afymptore CS , &
par conféquent à la droite MN (*Hypoth.*) ; or

l'afymptote CG , autre diagonale du même rectangle (29) , coupe la première AB en deux également : donc elle coupe de même la partie OE,
de la parallele MN , comprife dans ce rectangle ;
ainfi ER = OR : mais ON = ME , à caufe de
ON = CL (30) , & de ME = CL comme paralleles comprifes entre paralleles : donc ON — OR
ou RN = ME — ER ou MR : donc &c.

Corollaire I.

Puifque MR = RN , on aura auffi C*n* = CN,
fi l'on prolonge le demi-diametre CN jufqu'à la
rencontre d'une droite M*n* parallele à CG : donc
deux paralleles MN , M*n* aux afymptotes , &
menées du point de contact , paffent par les extrê-
mités du diametre conjugué.

Corollaire II.

32. Les triangles RCN, RTM font femblables,
à caufe de CN parallele à MT (20) ; & ils font
égaux en tout , à caufe de MR = RN : donc
MT = CN ; mais , fi l'on prolonge la tangente
MT jufqu'à la rencontre H de l'afymptote CS,
on a auffi MH = CN , comme paralleles entre
paralleles : donc une tangente TH terminée aux
afymptotes eft divifée en deux également au
point de contact M , & eft égale au diametre
conjugué.

Corollaire III.

Donc il eſt facile de déterminer les aſymptotes d'une hyperbole, dont on connoît deux demi-diametres conjugués CT, CH, & leur angle TCH (*fig.* 19.); car en menant, par l'origine T du demi-diametre CT, la droite MTN parallele au conjugué CH, & prenant, de chaque côté du point T, les parties TM, TN égales chacune à CH, les droites indéfinies CM, CN feront les aſymptotes de l'hyperbole qui doit paſſer par le point T. On verra tout à l'heure (34), qu'ayant les aſymptotes, on peut décrire une hyperbole qui paſſe par un point donné dans l'angle aſymptotique.

Corollaire IV.

L'égalité des triangles RCN, RTM (*fig.* 18.) donne encore RT = CR : donc en menant d'un point M à l'une des aſymptotes, une droite MR parallele à l'autre aſymptote, & prenant, fur la premiere, RT = CR, MT fera tangente au point M.

THÉORÊME.

33. *Si l'on mene une droite quelconque* AB, *d'une aſymptote à l'autre, à travers une hyperbole, ſes parties* AG & BS *compriſes entre la courbe & les aſymptotes feront égales* (fig. 19.).

DÉMONST. Concevons une tangente MN paral-

lele à la droite AB , & terminée aux afymptotes ,
le diametre CT mené au point de contact, coupant la tangente en deux parties égales (3 2) , coupera de même la parallele AB ; mais il coupera
auffi la double ordonnée GS en deux également (2 8) : donc AG = BS.

Corollaire.

34 Donc les côtés CA , CB , d'un angle quelconque ACB , étant donnés pour afymptotes, on
peut décrire une hyperbole qui paffe par un point
S quelconque pris dans cet angle ; car menant par
ce point, d'une afymptote à l'autre, des droites
BSA , OSD , VSR , &c. & prenant fur ces droites
les portions AG = BS, DE = OS, RT = VS, &c
la ligne qui paffera par les points G , E , T , S ,
fera une hyperbole, qu'on rendra plus réguliere
encore, en employant les points trouvés, comme
on a employé le point S , pour en trouver de
nouveaux.

THÉORÊME.

35. *Si, d'une afymptote à l'autre, on mene une
droite* LPQ (fig. 1 8.) *perpendiculaire à l'axe, le
rectangle* ML × MQ *des deux parties de cette droite
coupée en* M, *par une des branches de l'hyperbole,
est égal au quarré* bb *du demi-fecond axe* CB.

DÉMONST. LP $= \frac{bx}{a}$ (3 0) : par conféquent

$LP - MP$ ou $ML = \dfrac{bx}{a} - y$, & $MQ = \dfrac{bx}{a}$

$+ y$: donc $ML \times MQ = \dfrac{b^2 x^2}{aa} - y^2$, & en fub-

ftituant la valeur de $- y^2$ (4), on a $ML \times MQ$

$= \dfrac{bbxx - bbxx + aabb}{aa} = bb$.

Corollaire.

En général le rectangle $BS \times AS$ (*fig.* 19.),
fous les deux parties d'une droite quelconque AB
terminée aux afymptotes, & coupée en S par une
des branches de la courbe, eft égal au quarré $\overline{TN}^2$
de la demi-tangente parallele, terminée auffi aux
afymptotes ; car puifque la demi-tangente TN eft
égale au demi-diametre conjugué (32), comme
la demi-tangente au fommet l'eft au demi-fecond
axe, dans l'hypothefe du théorême ; & que l'équation au diametre CP eft femblable à celle de
l'axe (27), on peut faire $CT = a$, $TN = b$, CP

$= x$, pour avoir $\overline{PS}^2$ ou $yy = \dfrac{bbxx - aabb}{aa}$; &

comme les triangles femblables CTN, CPB don-

neront $PB = \dfrac{bx}{a}$, on aura, comme au théorême,

$BS \times AS = \dfrac{bbxx}{aa} - yy$, &c.

DÉFINITION.

La droite MY (*fig.* 18.) menée du point de
contact, à une afymptote, parallelement à l'autre,

s'appelle *ordonnée* à l'afymptote , & C Y eft fon
abfciffe.

THÉORÊME.

36. *Le rectangle , fous l'ordonnée* M Y *& fon
abfciffe* CY , *eft égal au quarré* $\overline{AZ}^2$ *de la demi-
diagonale* AB.

DÉMONST. La diagonale AB étant parallele à
l'afymptote CS, comme on l'a déjà remarqué (31),
& la droite MY l'étant auffi à l'afymptote CG ,
par l'hypothefe, les trois triangles LYM , MRQ ,
AZG font femblables & ifoceles; ainfi les triangles
LYM , AZG donnent ML : MY :: AG : AZ ,
& les triangles MRQ , AZG donnent MQ : MR
:: AG : AZ ; donc , en multipliant par ordre ,
ML × MQ : MY × MR :: $\overline{AG}^2$: $\overline{AZ}^2$; mais
ML × MQ = $\overline{AG}^2$ ou $\overline{CB}^2$ (35) : donc MY × MR
ou MY × CY = $\overline{AZ}^2$.

Corollaire I.

37. Le quarré $\overline{AZ}^2 = \dfrac{\overline{AB}^2}{4} = \dfrac{\overline{CA}^2 + \overline{CB}^2}{4}$

s'appelle *puiffance* de l'hyperbole ; c'eft une quantité conftante déterminée par les demi-axes, puifqu'elle eft le quart de la fomme de leurs quarrés:
donc le rectangle, fous une ordonnée MY & fon
abfciffe CY , eft égal au rectangle fous une autre
ordonnée femblable & fon abfciffe ; de forte que fi
les abfciffes confécutives font comme 1, 2, 3, 4, &c.

les ordonnées correfpondantes feront comme $1, \frac{1}{2}, \frac{1}{3}, \frac{1}{4}$, &c ; car les rectangles, $1 \times 1, 2 \times \frac{1}{2}$, $3 \times \frac{1}{3}, 4 \times \frac{1}{4}$, &c de chaque ordonnée par fon abfciffe, feront égaux.

Corollaire II.

Puifque les ordonnées à l'afymptote décroiffent, à mefure que les abfciffes augmentent, on doit conclure que l'afymptote s'approche toujours de plus en plus de la branche de l'hyperbole ; cependant elle ne la rencontrera jamais, puifqu'elle ne peut être tangente qu'à l'extrêmité d'une branche infinie (14). D'ailleurs la droite $PL = \frac{bx}{a}$ (30) eft toujours plus grande que l'ordonnée $PM = \frac{b}{a}\sqrt{xx - aa}$ (6. *Cor.* 3.) ; car x ou $\sqrt{xx}$ eft une quantité plus grande que $\sqrt{xx - aa}$.

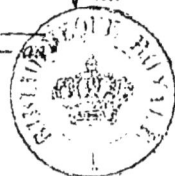

F I N.

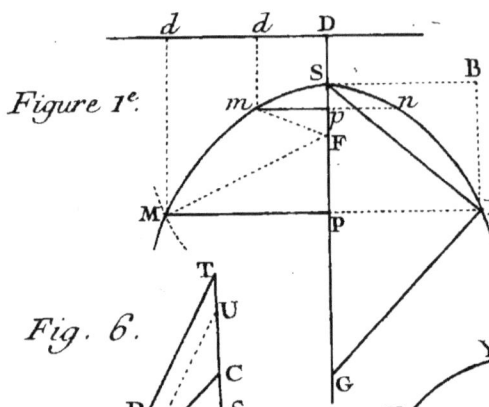

Figure 1.e

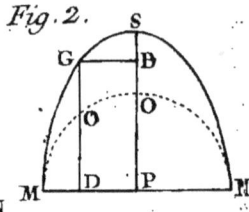

Fig. 2.

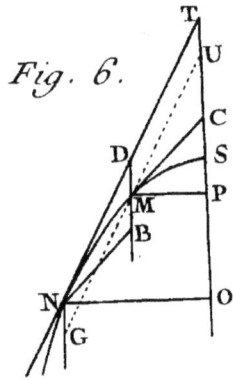

Fig. 6.

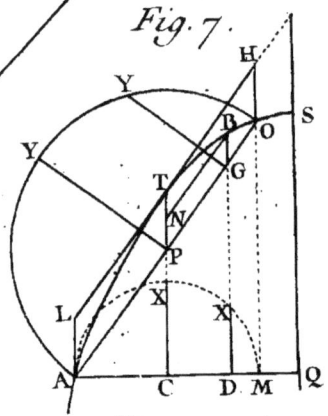

Fig. 7.

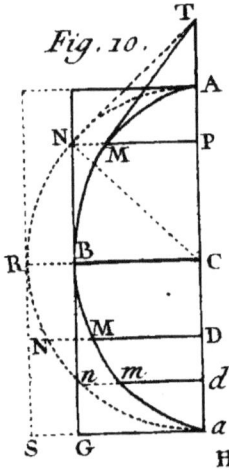

Fig. 10.

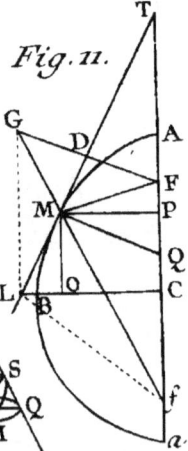

Fig. 11.

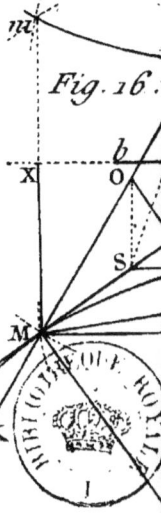

Fig. 16.

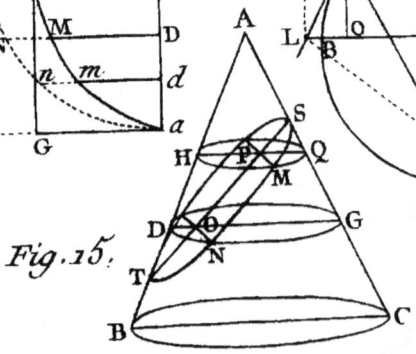

Fig. 15.

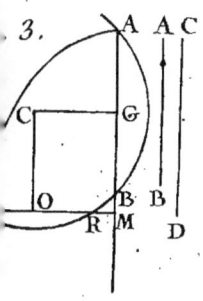

3.

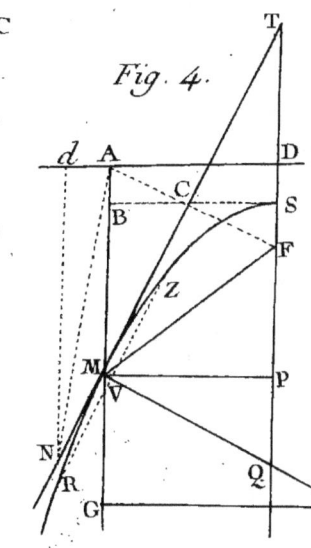

Fig. 4.

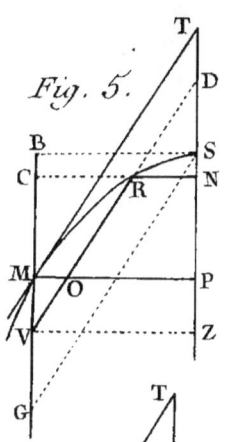

Fig. 5.

Fig. 8.

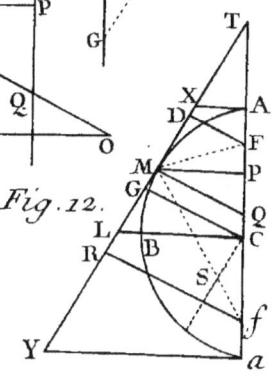

Fig. 12.

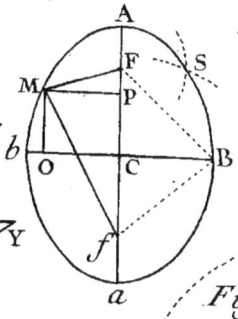

Fig. 9.

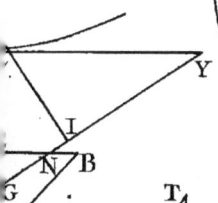

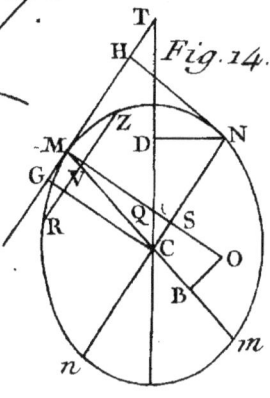

Fig. 14.

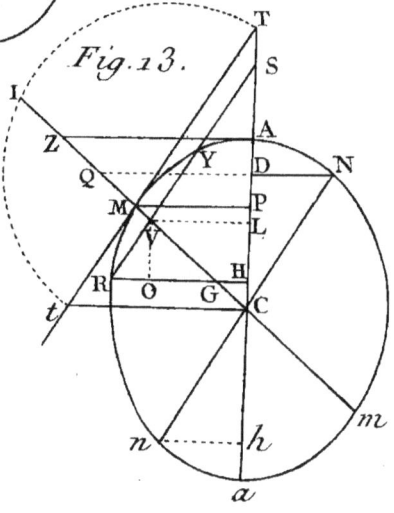

Fig. 13.

Picquet Sculp.

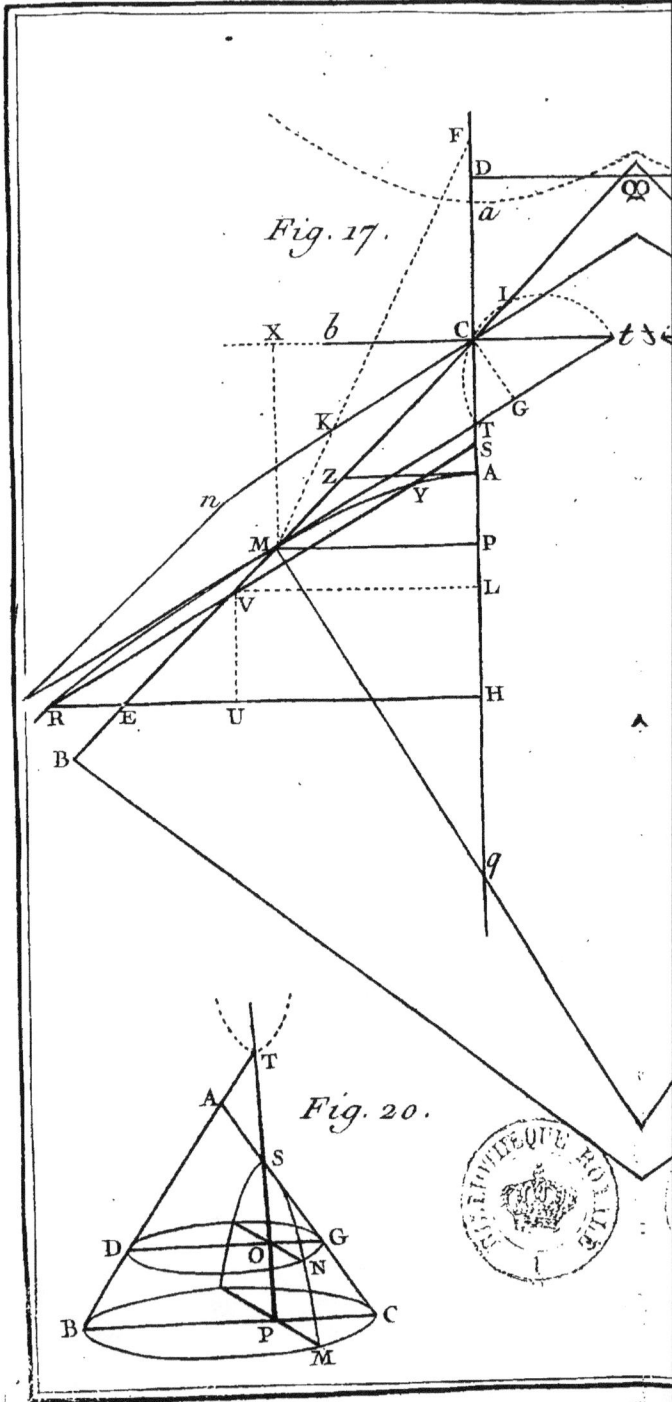

Fig. 17.

Fig. 20.

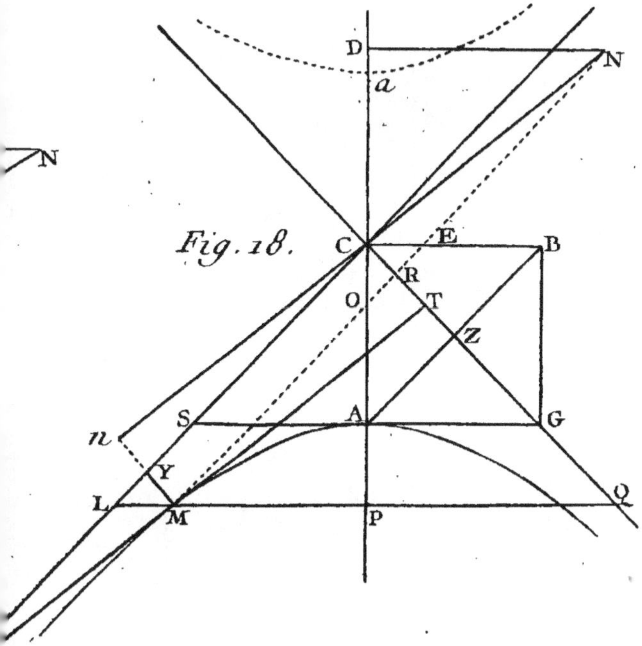

Fig. 18.

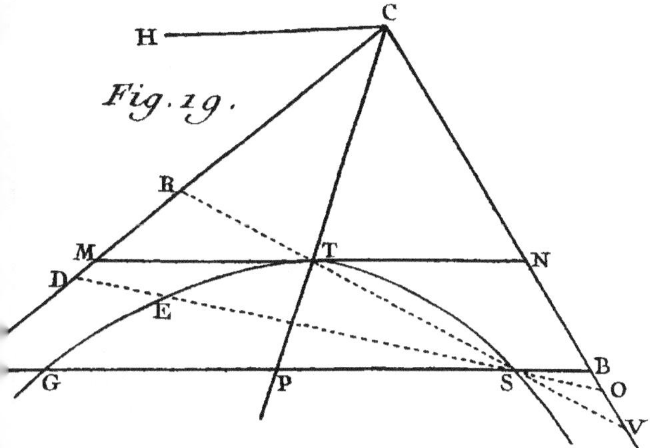

Fig. 19.

Picquet Sculp.

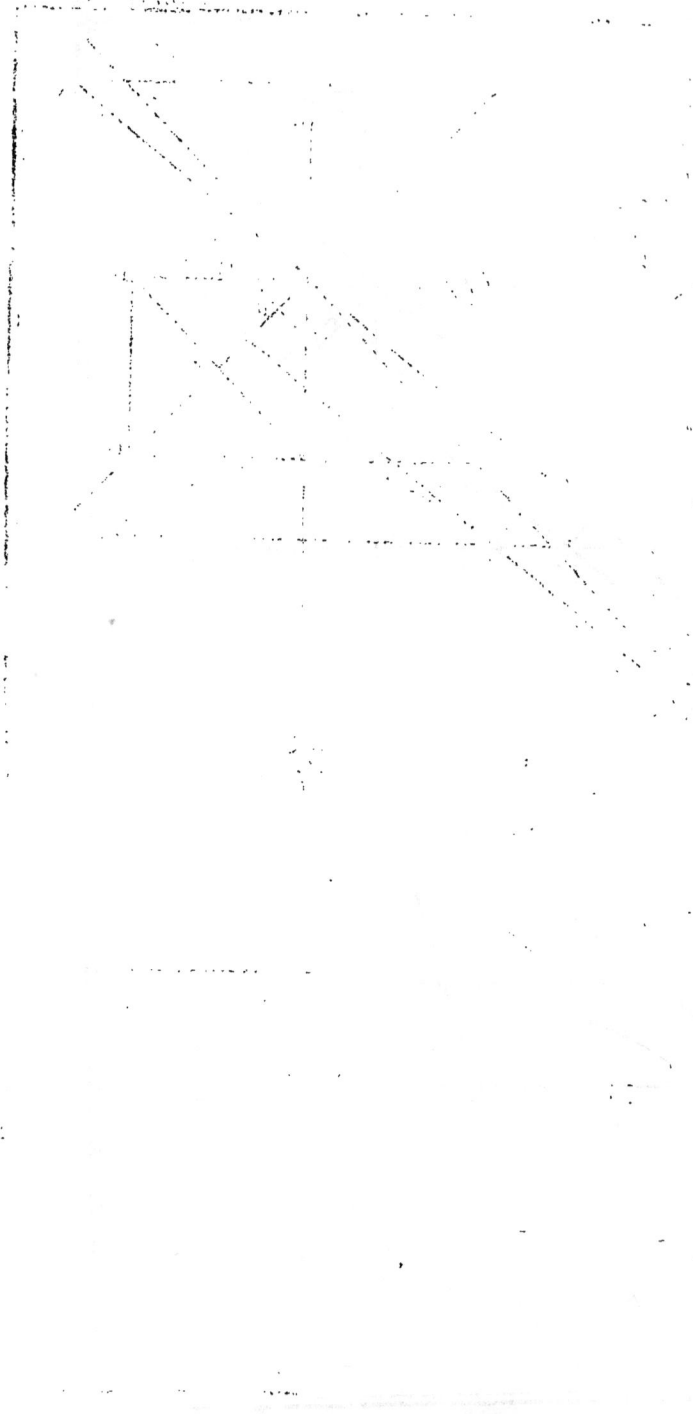